문예신서
233

인터넷 철학

고든 그레이엄

이영주 옮김

東 文 選

인터넷 철학

Gordon Graham

The Internet

a philosophical inquiry

This edition was published by arrangement
with Taylor & Francis Books Ltd, London
through Korea Copyright Center, Seoul

차 례

머리말

넷, 인터넷, 월드 와이드 웹, 가상공간와 같은 다양한 이름으로 알려진 전화망으로 연결된 컴퓨터 통신이 일상 생활의 거의 모든 면에 도입되는 규모와 속도는 가히 놀랍다. 그러나 그 인기와 확산되는 사용률에도 불구하고 그것은 아직도 대단히 새롭고, 사실 너무나 새로워서 과거로 거슬러 올라가 그 성격과 영향력에 대해 숙고해 보는 것을 허락하지 않는다. 설령 그렇다고 할지라도 그 중요성을 부정할 수는 없으며, 따라서 그것이 무엇이고, 문화와 법·정치에 어떤 의미를 가질 수 있는지 생각해 보려고 하는 욕구는 아주 크다. 그러나 그것에 대해 숙고하는 글을 쓰기 시작하는 사람은 심지어는 그런 생각을 하고 있는 동안에도, 기술도 그 용도도 확실히 크게 변하고 있음을 받아들여야만 한다. 그 결과 인터넷(내가 널리 사용할 용어)에 관해 글을 쓰는 것은 그것이 그저 체험에 근거한 것도, 기술에 관한 것도 아닐지라도 미처 서점까지 가기도 전에 시대에 뒤지는 일이 될 위험에 직면한다는 것이다. 그렇다면 이런 책은 불확실한 기도이다.

그 타당성에 대한 전망은 그것이 철학 논문이라는 점에 의해서 더욱더 위협당한다. 정보 기술의 세계에서 인터넷은 새로운 것들 중에서도 가장 새로운 것이다. 오래된 생각 중에서도 철학은 가장 오래된 것이다. 철학의 오랜 의문들에 정통한 것이 최근의 기술 혁신을 해명하는 데 도움이 될 것 같은가? 이 의문에 대한 대답은 독자가 판가름할 것이지만, 연구중인 과제의 성격을 명확히 하기 위해 계획한 얼마간의 서론격의 의견이 그에 대한 판단을 하는 데 도움을 줄 수 있을지도 모른다.

이 짧은 책은 철학적인 탐구이다. 인터넷의 역사와 발전에 대한 기술이 아니다. 사람들이 인터넷을 '시작' 하게 하려는 것도 아니다. 이 책에서 이야기되어야 하는 것이 정기적으로 인터넷을 이용하는 사람들에게는 아무래도 대단히 흥미로울 테지만 이 책은 인터넷을 이용하는 것에 대해 아무런 특별한 관심도 갖고 있지 않으며, 하물며 그것의 이용에 대한 어떠한 전문적인 지식도 없음을 짐짓 **가장**한다. 일반 독자를 위해 필요한 듯 보이는 한 그것이 무엇인지, 그리고 어떻게 작용하는지에 대해 (틀림없이 대부분의 독자들에게는 모두 아주 낯익을) 약간의 기본 정보를 제공할 것이다. 그러나 책이 채택하는 관점은 인터넷 사용자——열광적이건 마지못해서이건 간에——의 것이 아니다. 오히려 인터넷이 발생한 사회 · 문화적 세계 안에 거주하는 사람들의 관점이다. 그리고 물론 이것은 우리들 거의 대부분을 의미한다. 핵심 의문은 이렇다. 이 새로운 현상에 대해 어떻게 생각해야 하는가? 그것은 정말로 새로이 개발된 것인가? 우리는 그것을 두려워해야 할까, 아니면 쌍수를 들어 환영해야 할까?

생각건대 이것들은 거의 누구에게나 떠오르는 자연스러운 의문일 듯하다. 하지만 왜 그에 대답하려 하면서 철학을 전개하려는가? 그 대답은 비록 아주 초기 단계에 있기는 하지만 인터넷의 출현이 우리의 연구에 제시하는 몇 가지 문제점들을 책에서 취급할 예정이라는 것이다. 이것들은 한 나라의 그리고 전 세계의 통신하는 사람과 배우는 사람, 부모, 교사, 입법자, 시민으로서의 우리와 관계되는 문제점들이며, 바로 이 총체적인 범주는 철학이 끊임없이 관심을 갖는, 그리고 2천 년의 사상에 상응하는 범주들이다. 실제로 내가 제시하고자 하는 대로 인터넷의 성격과 영향을 잠정적으로 평가하는 일은 사회철학과 윤리학 · 도덕심리학 및 교육철학이 전통적으로 관계하는 몇몇 문제들에 순식간에 개입할 수밖에 없게 한다.

그런 연구를 위해 더욱 중시되어야 할 것이 있다. 비록 새로운 것이기는 하나 인터넷은 이미 그 성격과 영향력에 대해 숙고하기 위해 그 용도를 설명하고 탐구하는 것을 넘어서려고 하는 많은 책들을 자극했다. 이들 중 많은 수가, 심지어는 인터넷 기술의 전문가들에 의해 집필된 것들조차 두려움을 나타내고 있다. 그러나 오래된——구식이라는 것이 아니라——연구 분야의 방편에 호소한 것은 설령 있다고 하더라도 상대적으로 거의 없으며, 그 결과 체계적이라기보다 사적이고 인상에 근거하는 경향이 있었다. 철학이 제안하는 것은 이것이다——단지 인상에 근거하거나 자기 주장을 고집하는 것에 만족하지 않는다. 철학의 목적은 예로부터 전해 내려온 추론의 규범에 따르는 조직적 논증에 근거해 비판적으로 평가하는 것이다. 내 생각에 이것은 어떤 논리적 권위를 빌려 주어 그것이 아무리 충분한 정보에 근거한 진심어린 것이라 할지라도 단순히 신념과 견해를 표현하거나 교환하는 일 이상이 되게 한다.

그러나 현재로서는 불가피하게 잠정적일 수밖에 없는 그런 평가의 성격에는 확실히 한계이다. 하지만 만약 우리가 조리 정연한 명징성을 유지한 채 정확히 문제가 무엇인지, 또 그것들이 갖고 있을지도 모르는 도덕적 · 개념적 결과가 무엇인지 결정할 수 있다면 의미 있는 무엇인가를 이루게 될 것이다. 이를 이루기 위해서는 좀더 폭넓은 기술철학의 맥락에서, 다시 말해 인간 문화 전반과 그것과 지식과의 관계, 정치적 의사 결정, 그리고 인간적인 목적 달성의 범위 안에서 기술철학의 위치를 이해하는 범위에서 인터넷 특유의 문제점들을 고찰할 필요가 있다. 첫 세 장에서 주로 관심을 갖는 것은 바로 기술 전반에 관한 철학이며, 이것이 거기에는 상대적으로 인터넷에 관한 직접적인 토론이 거의 없는 이유이다. 그러나 기술철학이라는 좀더 광범위한 구조 안에 인터넷에 관한 문제들을 끼워넣음으로써 우리는 인터넷의 출현과 관련된 주요 쟁점들을 파악하는 쪽으로 상당한 진척을 볼 수 있을 것이다. 이어지는 장들에서는 인터넷 자체에 대해 직접적으로 다루지만 여기에서도 주목적은 인터넷의 발달 속도와 예측 불허를 염두에 둔 채 그 변화하는 성격으로 계속 주시하는 것이 드러내는 부분을 미리 확인하는 것이다. 이들 나중에 오는 장에서는 미래에 대해 위험한 추측을 하려고 시도——내가 보기에는 언제나 지적으로 무익한 노력인——하기보다는 지금까지 상상되지 않은 어떤 새로운 것에 관해 생각하기 위해 인터넷이 다음에 세상에 내보낼 것을 이해할 기본 틀을 확립하려 할 것이다.

그런 작업에 착수하는 자극이 되고, 또 그것을 어느 정도 진척시킬 능력을 갖게 된 것은, 1996년 내가 애버딘대학교 철학 · 기술 · 사회센터 (CPTS; Centre for Philosophy, Technology and Society)의 책임자가 된 데서 비롯된다. CPTS는 국소적으로 알려진 대로 나의 동료 몇몇, 특히 초대소장을 맡은 니겔 다우어 박사의 솔선수범과 선견지명으로 1990년에 설립되었다. 그 센터의 관심 대상은 전자공학뿐만 아니라 의료 및 환경에 있어서의 현대 기술 혁신까지 대단히 광범위한 영역에 걸쳐 있었지만, 우리는 스코틀랜드철학회(Scots Philosophical Club)에서 주는 풍족한 보조금 덕택에 정보 기술에 특별한 관심을 가질 수 있었다. 이것이 서로 다른 분야가 제휴해 '정보 기술의 도덕적 영향'에 대해 연구하는 대학간 연구 집단을 만들 수 있게 했다. 그후 정규적으로 만나 온 그 집단은 상당히 신속하게 인터넷에 초점을 맞추었으며, 인터넷의 영향은 적어도 좁은 의미로 생각한다면 '도덕'이 암시할지도 모르는 것보다 더 광범위하다는 것을 마찬가지로 신속하게 알게 되었다. 그 집단에는 철학은 물론 공중질서와 미풍양속 · 사회학 · 신학, 그리고 영화 전공자들도 있었으며, 나는 그 집단의 토론과 심의에서 내가 얻은 큰 이득을 여기에 기록해야 한다. 과연 그것이 없었다면 나는 이 문제에 관해 아무것도 밀할 것이 없있을 터이다.

또 '실리콘협회(The Silicon Society)'라는 제목으로 4회 연속 프로그램을 집필하고 출연해 줄 것을 권유한 BBC 라디오 스코틀랜드에도 그런 빚이 있다. 이것은 1997년 5월에 방영되었으며, 내 생각을 간결하고 이해하기 쉬운 형태로 만들어 주고, 또 전국에 걸친 많은 사람들과의 인터뷰에서 홍미로운 자료들을 모아 정리해 준 연출자 더클랜 린치에게 대단히 감사드린다. 이 연속물은 나에게 생각할 거리를 제공한 BBC 라디오 스코틀랜드의 또 다른 프로그램으로, 이안 도서티가 연출한 수상작 〈미국 너머의 케인 Kane Over America〉의 뒤를 이어 나온 것이었음을 덧붙여야겠다.

그 프로그램 초기에 뉴욕대학교 커뮤니케이션 교수이자 《테크노폴리》[1]의 저자인 닐 포스트먼과의 인터뷰가 있었다. 팻 케인에 의해 진행된 인터뷰에서 포스트먼은 기술 혁신의 유용성을 평가할 수 있는 시험 방법을 우리에게 제시한다. 그는 우리에게 신기술에 대해 물을 것을 촉구한다──이것은 어떤 문제에 대한 해결책인가?(He invites us to ask of any piece of new technology──what is the problem to which this is a solution?)

제가 최근에 혼다 어코드로 차를 한 대 구입하러 갔습니다. 그게 아주 좋은 일본차라는 것을 아시는지 모르겠군요. 영업 사원이 차에 자동적으로 일정 속도를 유지케 하는 장치가 장착되어 있다고 말하기에 제가 영업 사원에게 이런 질문을 했더니 놀라더군요. "자동적으로 일정 속도를 유지케 하는 장치가 있어 해결되는 문제가 뭔가요?" 글쎄요, 분명 이전에는 이런 질문을 한 사람이 없었던지 그 사람은 잠시 곰곰이 생각하더니 얼굴이 환해지며 말했습니다. "저어, 가속기에 계속 발을 올려놓고 있어야 하는 문제입니다." 그래서 제가 말했습니다. "음, 35년째 운전을 하고 있지만 저한테 그게 문제가 된 적은 한번도 없는데요." 그러자 그가 말했습니다. "저어, 또 이 차의 창문은 전기로 움직입니다." 그래서 제가 물었습니다. "전기로 움직이는 창문이 해결해 주는 문제가 뭐죠?" 그리고 이번에는 준비가 되어 있었습니다. 그 사람이 말했습니다. "손으로 돌려서 창문을 올리고 내리는 문제를 해결합니다." 그래서 제가 말했습니다. "음, 저는 한번도 그게

---

1) 기술이 인간을 지배한다는 개념의 사회학 용어이다. [이하 역주]

문제라고 생각한 적이 없는데요. 사실 저는 대학교수라 상당히 조용한 생활을 하고 있어서 가끔씩 팔을 움직이는 운동을 좋아하는데요.” 이것 참, 요점은 저는 자동 속도 유지 장치와 전동 창문이 장착된 혼다를 구입했는데, 자동 속도 유지 장치와 전동 창문을 원하든 원치 않든 간에 그게 장착되지 않은 혼다 어코드는 살 수가 없기 때문입니다. 그런데 그게 처음으로 흥미로운 의문을 제기합니다. 바로 그 기술이 많은 경우에 선택의 자유를 증가시키는 것이 분명하지만, 또한 빈번히 선택의 자유를 제한하기도 한다는 것입니다. 기술에 대해 대단히 열광적인 사람들은 그게 우리에게 무엇을 해줄지에 대해 늘상 이야기하고 있습니다. 그들은 그것이 망쳐 버릴 것에 대해서는 거의 한번도 문제를 제기하지 않습니다.

포스트먼의 의문은 좀더 면밀히 검토할 이유가 있는 것이며, 우리는 《테크노폴리》에서 다시 그 문제와 그의 좀더 명석한 분석으로 되돌아가게 될 것이다. 그러나 현재로 봐서 그 문제의 배후에 있는 생각은 이것이다. 최신 고안품들을 갖는다고 해서 정말 우리가 전보다 더 잘사는 것인가? '최신 고안품들'이란 물론 그것들을 지칭하는 경멸적인 표현으로, 어떤 사람들에게는 그것이 공격적으로 기술과 진보에 반대하는 성향을 나타낸다. 과연 기술 혁신에 대한 포스트먼의 비난은 바로 이런 말투로 기술되고 간단히 처리되었다. 우리가 여기에서 맞닥뜨리는 것은 기술에 대해 생각하는 상이한 방식간의 의견 상위라고 생각한다. 이 의견 상위는 네오러다이트족과 기술 애호족 간의 의견 상위처럼 이제 아주 광범위하게 나타난다. 내가 사용할 것이 바로 이 용어이고, 내가 시작하려는 것은 바로 이 의견 상위와 더불어서이다.

1

네오러다이트족 대 기술 애호족

러다이트주의의 기원

19세기초 네드 러드(그의 실제 이름은 러들럼이었다고 하는 사람들도 있다)의 추종자들이 요크셔와 노팅엄셔 전역에서 공장의 기계들을 파괴했다. 이 새로운 고안물이 그들의 일자리와 생계를 위협할 것을 두려워해서였다. 그들 동기의 정당성과 그들 취지의 진상이 무엇이 되었든 그들은 자신들의 행동에 대해 아주 큰 대가를 치러 재판에 부쳐지고 교수형에 처해졌다. 그러나 뒤늦게 깨달은 바에 의하면 그들을 취급한 야만적인 방법——불행히도 당시로서는 아주 흔한 일이었던——보다 더욱더 인상적인 것은 급진적으로 바뀌는 세상에서 직물 제조업의 신기술을, 직물뿐만 아니라 공산품 전반에 대한 신기술을 뛰어넘으려는 그들의 명백히 헛된 시도이다. 러드와 그의 동료들은 미래와 교전중에 있었다고 말할 수있을 것이며, 따라서 묘사된 것과 마찬가지로 지금에 와서는 빤히 보이듯이 패배할 수밖에 없는 전투였다. 사실상 그들이 역사에 기여한 바는 절망적으로 아무 효과 없이 기술 혁신에 저항하고 반대하는 사람들을 나타내는 러다이트[기술 혁신 반대자]라는 이름을 제공한 것이었다.

그런 저항을 한 것은 러다이트들이 처음도 아니고 마지막도 아니었다. 기계로 생산한 옷감이 출현하자 환영했던 재단사들이 몇 년 후에는 재봉틀을 발명한 초기 프랑스의 발명가 바르텔미 티모니에의 훨씬 더 혁신적인 기술을 파괴했다. 마찬가지로 최근 몇 년간 놀라운 속도로 정보 기술이 성장 발전하며 네오러다이트족의 반발을 낳았다——러다이트족이라는 용어는 《가상 생활에의 저항》이라는 제목의 책(일부)에서 이안 볼이 약간의 자부심을 갖고 이런 맥락에서 전개하고 있다. 또 다른 공공연한 네오러다니트족에는 수필가이자 자연보호론자로 《내가 컴퓨터를 안 사려고 하는 이유》의 저자인 웬델 베리가 있다. (그 제목이 암시하듯이) 그는 이 책에서 자신이 옛 방법들을 고수하는 것을 변호하고, 새로운 것의 유해한 영향을 기술한다. 최초의 러다이트족들이 그랬듯이 컴퓨터와 인터넷에 반대하는 사람들은 흔히 이 일을 처리하는 새로운 방법이 가져올 무서운 결과에 대해 예언한다. 예를 들어서 책을 읽는 일이 과거지사가 될 것이라거나, 직접 얼굴을 대하는 사적인 의사소통이 없어지게 될 것이라거나, 미래의 세대들은 '죽도록 즐거움을 추구하는'(포스트먼의 또 다른 책 제목) 컴퓨터 중독자들이 될 것이라거나, 개인이 점점 더 스스로 선택한(그리고 현실과 동떨어진) 가상현실의 세계 안에서 살게 됨에 따라 철저히 사회적으로 고립된 새롭고 무정부적인 형태가 나타났다고.

네오러다이트주의가 최근 가장 극적으로 (그리고 불쾌하게) 표현된 것은 확실히 유나바머——최신 기술에 반대하는 그의 캠페인이 대학 및 항공사에 폭탄을 우송하는 형태를 취하기 때문에 그렇게 불린다——의 경우이다. 유나바머는 수 년간 자신의 익명성을 지켰지만 결국에는 잠깐 대학교수 생활을 한 뒤에 몬타나의 한 오두막에 은거하여 최신 기술에 반대하는 캠페인을 벌인 탁월한 수학자 시어도어 카진스키 박사로 밝혀졌다. 1995년 미국 법무장관의 압력으로 《워싱턴 포스트》지와 《뉴욕 타임스》지는 유나바머의 선언문 〈산업 사회와 미래〉를 공표했다. 이 개가는 그의 탐지와 체포, 유죄 판결로 이어지는 뜻밖의 결과를 가져왔으나, 쿠준트지크와 만이 지적했듯이 그의 캠페인의 폭력과 파괴 때문에 그 문서를 미치광이의 헛소리로 간단히 처리해 버리기 쉽다. 사실 그는 좀더 광범위하게 신봉되며 진지하게 주목받을 가치가 있는 네오러다이트주의를 설득력 있게 표명한다. 카진스키는 말한다.

산업 혁명과 그 결과는 인류에게 재앙이었다. 우리 중에서 '선진' 국에 사는 사람들의 평균 수명이 엄청나게 늘어났지만 사회는 불안정해지고 삶은 충족되지 않게 되었으며, 인간은 냉대받게 되고 제3세계에서는 (육체적 고통을 물론) 심리적으로 고통당하게 되었다. 그리고 자연계에도 심각한 손상을 가했다.(쿠준트지크와 만, p.12)

이것은 엄숙한 고발이며, 카진스키의 선언문은 (그의 방법과 무관하게) 그것들에 대해 적잖이 항변한다. 그러나 우리가 결국 그 문서를 간단히 처리해 버린다고 해도 논의되어야 할 좀더 온당한 목소리들이 있다. 훨씬 더 구체적이고 훨씬 덜 종말론적인 목소리들이. 네오러다이트주의는 종종 컴퓨터와 인터넷이라는 신기술이 진실로 더 큰 이익을 가져다 주는지, 다시 말해서 그것이 출현하기 전보다 우리가 사실상 더 살기가 좋아졌는지 의심하는 일에 만족한다. 사실 이것이 베리가 제시한 반론의 전체적인 방향이다.

네오러다이트족의 견해 중 어느쪽에 어떤 진실이나 실체가 있는가? 새로운 발명품들의 영향에 대한 그럴듯한 예언조차 되돌아보면 우스꽝스러운 것으로 판명날 수 있음은 주목할 만하다. 존 필립 수자——왈츠하면 슈트라우스를 떠올리게 되듯이 행진곡하면 떠올리게 되는——는 축음기의 도입을 중대한 전조로 간주했다. "음악을 만들어 내는 다양한 기계 장치가 증가하는 덕에——아니 차라리 탓에——나는 미국 음악과 음악적 취향이 두드러지게 타락하고, 미국의 음악 발전에 방해가 되며, 음악의 예술적 표현에 많은 위해를 가하게 될 것이라고 예견한다."(부어스틴, 《미국인: 민주 경험》, p.657에서 인용) 90년 뒤, 전통적인 악기들이 잔존하고 음악 제작이 왕성하게 이루어지는 형세는 그런 비평을 진상과 동떨어진 우스꽝스러운 것으로 보이게 한다. 그래도 반드시 중시해야 할 것은 러다이트족의 예언이 가끔은 실현될지도 모른다는 것이다——언제나 그렇듯이 미래가 무엇을 계속해서 간직할지는 이야기하기 어렵다. 어쩌면 불가능하다. 게다가 몇몇 경우 편익에 대한 그들의 비용 평가는 정확하다고 생각하는 것이 타당하다. 이 또 다른 가능성, 즉 신기술이 사실상 순이익을 가져오지 않는다는 주장에 대해서는 우리가 다시 언급할 테지만, 현재의 취지에서 더욱 흥미로운 것은 물론 미래의 실제 진로만이 확인 또는 반박할 수 있는 그들 예언의 정확성조차 러다이트주의의 헛된 노력을 거의 바꾸지는 않는다는 것이다. 만년필이나 타자기가 아무리 기품과 매력이 있을지라도, 베리에게는 실례지만 널리 보급된 컴퓨터 정보 기술의 용도는 아직은 그 나아갈 방향을 예견할 수 없는 상태로 여기 남아 있을(그리고 팽창하기 시작할) 것이 확실해 보인다. 다른 맥락——예를 들어 원자력이나 유전자 조작——에서 흔히 이야기되듯이 이미 발명된 것이 발명되지 않은 것이 될 수는 없으며, 일단 발명되면 어딘가에서 누군가 그것을 사용하고 싶어할 것이고, 또 그렇게 하기에 성공할 것이다. 인터넷의 경우는 '어딘가에서, 누군가'에 대해 추측할 필요가 없다. 마치 도처에서인 듯 수많은 사람들이 그것이 사라져 버리지 않을 것을 확신할 수 있다고 받아들였다. 동시에 인터넷에 대한 일체의 불신과 의문을 기술 혁신에 반대하는 것으로 선언하는 일은 다른 극단적인 수단, 곧 우리가 '기술의 이데올로기'라고 불러도 좋을 극단에 희생될 위험을 무릅쓰는 것이다.

기술 애호

'기술의 이데올로기'는 기술 애호족들에게서 아주 분명하다. 그들은 기술 혁신이 모든 불행을 치료할 풍요의 뿔이라고 믿는 사람들이다. '기술 애호족들'이란 닐 포스트먼이 만들어 낸 용어로, 그는 그들을 "연인이 사랑하는 사람을 응시하듯 기술을 대하면서 그것을 완전무결한 것으로 보고 미래에 대해 어떠한 걱정도 하지 않는" 사람들이라 정의한다.(포스트먼, 《테크노폴리》, p.5) 포스트먼과 더불어 나는 이런 종류의 기술 애호에 대해 이야기하는 데 중요한 더 많은 것을 갖고 있을 테지만, 합리적으로 공명정대하게 문제를 관측하는 사람에게 그것은 중요한 사실이며, 설비를 갖춘 사람에게 컴퓨터와 컴퓨터 사용은 놀라운 열의를 불러일으킨다. 예를 들어서 월드 와이드 웹[2]이 맨 처음 개발되었을 때 많은 수의 대단히 재능 있는 사람들이 그것이 일으키는 기술적인 문제에 몰두해, 그들이 가상공간의 세계에 자유롭게 공개한 해결책을 제시하는 데 엄청난 시간과 재능을 바쳤다. 그러나 그들이 그렇게 한 것은 의사소통과 의견 교환의 거대한 국제 조직을 만드는 계획에 열중한 때문은(설령 그랬다고 해도 그다지) 아니었으며, 그 조직의 이해득실과 비용 편익을 평가했기 때문은 더더욱 아니었다. 그들의 동기가 된 것은 오히려 기술적인 문제가 그들의 호기심을 자극한 데 있었다. 이것이 기술 이데올로기의 한 국면이다. 곧 기술적인 문제를 해결하는 것이 목적이 되고, 따라서 더 폭넓게 고려해야 할 대상은 자연히 상관하지 않게 된다. 또는 좀더 정확히 말해서 수단의 문제가 지배적인 (심지어는 유일한) 고려의 대상이고, 그것들을 수단으로 하는 목적의 가치에 대한 문제는 저절로 처리되도록 내버려두었다.

기술 이데올로기의 또 하나 중요한 국면은 가장 기술적으로 진보한 것이 최선의 것이라는 가설이다. 이것은 사실상 기술 애호를 규정짓는 특징으로 받아들여질 수 있을 것이다. 그것은 또한 (포스트먼에 의하면) '테크노폴리,' 즉 기술 혁신에 의해 다스려지는 세상으로 안내하는 믿음이다.

---

2) 인터넷에 존재하는 정보 공간이다.

그는 현대 사회, 특히 미국의 현대 사회를 초기 '도구를 이용하는' 사회와 대비시킨다. 이 사회에서 기술은 다른 독립적인 목적들의 하인으로, 그 목적들에 의해 통제된다. 대조적으로 테크노폴리는 "대안들을 배제한다." (포스트먼, 《테크노폴리》, p.48) 내가 보기에 포스트먼은 지나치게 개괄적이고 표현이 너무 극적이지만, 많은 현대 기술을 수반하는 중요한 가설을 확인한다. 곧 이전에 사용된 것은 모두 중복되고 열등하기 때문에 폐기해야 한다는 가설을. 그것과 연합해 더 나아간, 거의 마찬가지로 중요한 가설——부를 늘리거나 유지하고자 하는 나라나 개인들은 하이테크에 크게 투자해야 한다는——이 있다. 이것은 모든 사람이 컴맹에서 벗어나게 하는 것을 목표로 하는 국가의 솔선수범이 늘고 있고, IT 연수 과정을 광범위하게 도입하는 것을 모두 설명한다. 그런 솔선수범의 바람직함은 검사되지 않은 몇몇 추측에 기초한다. 이 중에서 주된 두 생각은, 첫째 기술이 이바지하는 결과의 원천은 기술적 발견 자체가 필요로 하는 (아마도 수요자의 요구에 의해서 이번에는 단순히 개별 욕망을 반영하는 것으로 생각되는) 유(類)의 지적 연구와 상상력에 있지 않고 다른 곳에 있다는 것이고, 둘째 기술은 그 결과에 관해 중립적이라는 것이다. 즉 그것은 다만 결과에 도움이 될 (또는 되지 못할) 뿐, 결과에 영향을 미치거나 결과를 결정하지 않는다.

이 두 가설은 내가 보기에 기술 이데올로기를 아주 강력하게 만들며, 왜 기술 혁신에 반대하는 것이 러다이트주의로 간단히 처리되는지를 설명하는 데 도움이 된다. 그러나 절대직인 기술 이데올로기의 영향하에서 실로 큰 오류들이 발생했으며, 또 최근에 발생했다는 증거를 찾기란 어렵지 않다. 이 중 몇몇은 잘못된 예언에 기초하고, 많은 것들은 상당한 그러나 불필요한 비용을 수반하며, 그 모든 것들은 이런저런 식으로 시간을 허비해 왔다. 그런 결함은 새로운 방식의 기술에 숙달되지 못한 사람들에게만 나타나는 것이 아니다. 도리어 아주 중대한 피해는 속속들이 그것을 아는 사람들에게서 나온다. 예를 들어서 인터넷의 선구자들 중 하나인 클리포드 스톨은 《실리콘 허풍》[3]이라는 책을 쓰고는 의미심장하게 《정보의 고속도로에서의 또 다른 생각》이라는 부제를 달았다. 거기에서 그는 수단에 있어서의 정교함의 정도와 결과에 있어서의 정교함의 결여가 심히 불합리한 성질을 띤다고 해도 좋을 정도까지, 이 고도로 진보한 기술이 가장 하찮고 평범한 목적으로 사용되는 아주 많은 방법들을 기록한다.

스톨이 갖는 의구심들 중 몇몇에 대해서는 우리가 다시 언급하게 될 것이다. 그가 의구심을 갖는 것에서 끌어낸 문제점은 그것들이 기술적으로 무지한 사람의 의심이 아니라는 것이다. 하지만 스톨에게 훨씬 덜 미치는 전문가들조차 IT가 그 광신자들이 예언한 것을 언제나 실현시키지는 않음을 알 수 있다. 그 잘 알려진 한 예가 '종이 없는 사무실' 이다. 갈채를 받은 그의 책, 《왜 사물들은 입술을 깨물며 할 말을 참는가》 서문에서 에드워드 테너는 개인용 컴퓨터가 처음 등장했을 때 어땠는지를 기록한다.

미래주의가 성행하고 있다. 그 가장 성공적 실천가인 앨빈 토플러는 자신의 베스트셀러 《제3의 물결》에서 "어떤 것을 종이에 복사하는 것은 [전자 문서 처리] 기계를 원시적으로 사용하는 것이며, 그 참뜻을 모독하는 것" 이라고 선언했다. 그러나 종이 재활용 쓰레기통은 인쇄 출력물들로 늘 넘쳐나는 듯이 보였으며, 사무실이 네트워크화되고 전자 우편이 인쇄 출력 메모를 대신하고 난 후에도 종이의 범람은 계속되었다……. 네트워크화함으로써 사실상 종이 사용이 증가했다. 프린스턴 근처에 스테이플과 오피스맥스 문구점이 개장했을 때 고객의 시각에서 (그리고 카탈로그에서) 첫번째 항목은 5천 장들이 복사 용지와 레이저 프린터, 그리고 팩스였다.(테너, p.ix)

---

3) 한경훈 역, 《허풍떠는 인터넷》이라는 제목으로 세종서적에서 출판되었다.

관련된, 그러나 여러 가지로 더욱 중요한 사례는 재택근무이다. 전화선과 컴퓨터 단말기들이 사무실 근무자들이 수 킬로씩 떨어져 있어도 같은 사무실에 있는 것같이 효과적으로 연결시켜 줄 수 있다. 따라서 사람들은 더 이상 일하러 **나갈** 필요가 없으며, 그 결과 그들이 선택한 곳에 위치할 수 있다. 아직은 재택근무의 시대가 오지 않았지만 10여 년 동안 사람들이 **IT** 기술을 더 많이 몸에 익히게 되고, 장비들을 더 널리 더 싸게 이용할 수 있게 되면 전통적인 직장의 시대는 얼마 남지 않았음이 예견되었다. 그러나 집에서 일하는 노동력의 비율은 낮으며, 지금까지는 비교적 증가할 조짐을 보이지 않는다. 대부분의 사람들이 다른 사람들과 얼굴을 마주치며 일하기를 원하고, 출근할 일터 즉 동료들과 어울리는 회사를 원하며, 그것을 위해서 왔다갔다 통근하는 대가를 기꺼이 치르려 하는 것이 사실인 듯하다. 인간에 관한 이런 사실을 배경으로 할 때 **IT** 기술을 증진시킨 많은 진취적인 사람은 대부분 쓸모가 없다. 하이테크 커뮤니케이션을 최대한 활용하는 것이, 사람들이 계속해서 유지하고 싶어하는 사회 생활 양식과 갈등을 일으키기 때문에 그런 쪽으로 나아가지 않았으며, 아마 앞으로도 그럴 것이다.

재택근무와 '가상회사'(모두가 다른 사람들과 컴퓨터 통신망으로 접속된 집에서 근무하는 회사)의 특징은 엘렌 울만이 《기계에 가까운——기술 애호와 그에 불만인 사람들》에서 기술한 '불만'의 원인 중 하나이다. 울만은 재택근무 '가상' 소프트웨어 회사에서의 자신의 경험을 기술한다.

무엇보다 나는 이제 독자적으로 일한다는 것을 받아들여야만 했다. 내가 전에 왔던, 그리고 다시 올 곳——혼자서. 통신망으로 접속된 소프트웨어 회사의 프로그래머들과 2주에 걸친 열띤 컴퓨터 대화 후 내 새 계약의 성격이 분명해졌다. 나는 우리 집 다락방에 앉아 하루 종일 내 컴퓨터만 응시하고 있었다. 나는 소프트웨어를 디자인했다. 가끔씩 전자 우편이나 팩스로 프로그래머들에게 디자인을 보냈다. 1주일에 한두 차례, 도로 공사로 끔찍이 차가 막히는 길로 해서 그들 사무실로 갔다. 내가 갖는 가장 열정적인 관계는 내 차와의 관계가 되었다.(울만, p.125)

'재택근무'와 '가상회사'에는 확실히 보상하는 바가 있으나 내 생각에 대부분의 사람들은 울만처럼 반응할 것이며, 이런 이유가 그런 발달이 어디까지 진행되는 것을 견제한다. 어쨌든 그것이 그럴듯한 가설이다. 현재의 근무 양식이 항상 남아 있을 것이라고 추정되지는 않는다. 결국 역사적으로 기록할 수 있는 다른 방향으로의 변화가 있다. 원래의 러다이트족들은 부분적으로 가내 공업에 기초한 소규모 생산으로부터 공장에 기초한 대량 생산으로의 이동에 저항했으며, 그럼에도 불구하고 그것은 대부분의 사람들의 생활 양식이 되었다. 하지만 재택근무 사례가 보여 주는 것은 어떤 점에서 기술의 가치는 그것이 공헌하는 결과에서 나온다는 것이며, 만약 기술 향상이 일반 국민들에 의해 기꺼이 채택될 결과에 거스르는 경향이 있다면 기술 혁신은 유용하지도 않고 가치도 없이 상상력 넘치고 역동적인 것이 될 것이다. 어느쪽이든간에 희생이 아주 크다.

이미 말했듯이 기술의 가치는 중립적이라는 기술 애호족 입장의 가설이 있다. 기술 애호족들은 가장 나중에 나온 고안물이 더 효율적이라고 믿는 경향이 있다. 그렇게 믿음으로써 그들은 어떤 기술의 가치는 전적으로 그것이 이바지하는 목적에서 나온다고 추정한다. 만약 신기술이 교체하겠다고 위협하는 것보다 그런 목적에 더 기여한다면 그것은 환영받아야 한다. 이런 진실은 설령 진실이라 할지라도 모든, 그리고 어떤 기술 혁신도 가치 있다는 의미는 물론 아니다. 우리가 나중 것이 확실히 더 낫고, 그래서 최근 것이 최선의 것이라는 더 나아간 가정을 하기만 하면 우리는 이 더 나아간 추론을 정당하게 끌어낼 수 있을 것인가. 그러나 좀더 근본적으로 기술의 가정된 중립성은 반박하기 쉬운 듯 보인다. 이에 대한 예증으로 운송 기술을 검토해 보라. 더 나은 자동차와 더 나은 도로를 만드는 것——고속도로, **아우토반** 또는 자동차 도로——은 이런 것들에 대한 수요에 결정적인 영향을 미친다. 그것은 그것들이 가져오는 결과에 영향을 미침으로써 그렇게 한다. 교통의 흐름을 원활하게 하고 이동 시간을 줄이기 위한 새 도로들은 거의 언제나 더 큰 교통 혼잡과 더 긴 이동 시간을 초래한다. 이것은 왜일까? 대답은 멀리 찾지 않아도 된다. 더 비효율적인 차와 더 나쁜 도로 탓에 쉽지 않게 기도되었던 여행은, 우리가 더 좋은 차와 도로를 갖게 된다면 (예상컨대) 거칠 것이 없게 될 것이다. 따라서 더 많은 사람들이 기꺼이 여행을 기도할 것이다. 그러나 이 사실 자체는 자동차 운전자 수를 크게 증가시키고, 그것이 이번에는 기술적 진보가 약속한 편의를 잠식한다. 지금 런던 중심(그리고 다른 여러 장소)에서의 이동 시간은 1백 년 전보다 전혀 나아지지 않았다는 것이 유익한 통계이며, 그 기간 동안 이루어진 운송 수단에 있어서의 엄청난 기술적 진보에도 불구하고 이러하다.

기술에 대해 비판적인 현실주의

기술 혁신의 가치에 대한 회의는 따라서 실체가 없는 것이 아니며, 그것들을 뒷받침하는 사례들은 무한히 늘어날 수 있을 것이다. 동시에 현대 기술에 단호히 반대하는 것은 깊은 의미에서 현실과 싸우고 있는 것임이 분명한 듯하다. 깃촉 펜과 남포에 대한 애착은 이 특정한 고안품들 각각의 장점이 무엇이건간에 역사의 면전에서 순식간에 사라진다. 그렇다면 어떻게 우리는 무익한 러다이트주의를 피하는 동시에 기술의 이데올로기에서 탈출할 수 있을까? 관심의 초점은 정보 기술과 특히 인터넷 또는 월드 와이드 웹의 극적 신기축에 있을지라도 어떤 의미에서 이것이 이 책의 중심 의문이다. 그 대답은 이 신기술의 기초가 되는 개념적·가치 평가적 가설들에 대해 비판적으로 검토하는 데서 드러날 뿐이다. 결국 여기에서는 기술철학이 결정적인 역할을 하며, 내가 밝히고자 하듯이 이것은 새로운 학문이 아니라 오랜 철학적 의문을 새로운 맥락에서 검토하는 것이다.

그러나 철학 그 자체를 시작하기 전에 우리는 비교적 간단한 몇몇 사실들을 일깨울 필요가 있다. 이 중 첫번째 것은 기술적 진보는 어떤 의미에서 자기 잠식적이며, 이 때문에 그것은 어느 정도 일시적일 수밖에 없다는 것이다. 다시 말해서 한 시대의 기술적 진보는 다음 시대에 그것을 대체하게 될 사상과 경향을 낳는다. 그것은 그 효과가 극적이고 광범위한 기술적 진보에 있어서조차 반복적으로 발견되는 결과, 곧 기술의 역사가 되풀이해서 예증하는 진리이다. 대체로 우리는 성공, 곧 차이를 만든 것들을 기억한다. 역사가들이 잊는 것은 거의 모두 가망 없는 것과 완전한 실패들이다. 그러나 가장 영향력 있는 기술조차도 상대적으로 일시적이라는 것역시 마찬가지로 쉽게 망각한다. 철도 운송의 발달로 미국은 (세계의 다른 여러 곳과 마찬가지로) 경제적·사회적 또 정치적으로 완전히 바뀌었다. 철도 소유권자들은 나라에서 가장 힘 있는 자들이 되었으며, 중요한 철도의 중심 도시는 시민 및 상업 생활의 중심지로 성장했다. 한때 나라의 경제적 번영은 철도의 상태와 거의 완벽하게 일치하여 부침을 같이했다. 그리고 나서 몇 년 안 되어 기차는 자동차와 비행기로 대치되었으며, (적어도 미국에서는) 황폐화된 상태로 남아 이전의 중요성과 명성 중 어느것도 결코 회복하지 못할 것으로 생각하는 바도 충분히 일리가 있다.

증기 기관차는 다른 모든 인간의 발명품과 마찬가지로 열광하는 사람들과 신중한 사람들, 광신자들, 그리고 러다이트족을 계속해서 만들어 냈다. 그들 **모두** 어느 정도 옹호되기도 하고 반박당하기도 했다. 유사하게 20세기 중엽 최고의 혁신 중 하나인 핵 기술은 어떤 이들에게는 세계를 구원할 에너지원으로, 다른 이들에게는 세계를 멸망시킬 제어할 수 없는 힘으로 받아들여졌다. 다양한 이유로 원자력 발전소의 세계 에너지 요구에의 기여는 제한되고 감소되는 추세이며, 냉전 기간 동안 사람들의 의식을 크게 지배하던 핵전쟁의 위협은 예측할 수도 없고 예측되지도 않은 속도로 줄어들었다. 비록 기술은 아직도 우리와 함께하며 사라져 버릴 것 같지 않지만, 이제 우리는 가장 큰 두려움도 가장 큰 희망도 왔다 가버리지 않았음을 안다.

정보 기술 역시 마찬가지라고 추측할 수 있을지 모른다. 과연 그것에 의해서 세계는 일변되며, 또 계속해서 그럴 것이다. 그러나 그 변화의 규모와 강도는 낙관론자나 비관론자가 예언하는 정도가 아닐 것이라고 생각할 이유는 충분하며, 스스로 정한 이 책의 임무는 그것의 가치와 중요성을 정당하게 평가하려 한다면 이해할 필요가 있는 해묵은 쟁점들을 탐구하는 것이다. 러다이트주의와 기술 애호 사이에서 이성적으로 중용을 지켜 나가는 일은 다음과 같은 것을 요구한다. 그것이 혁신적이라는 외에는 어떤 이유에서건 기술 개혁에 의해 동요되지 않는다는 것, 동시에 그것의 실제 성격과 있음직한 이점에 솔직할 것. 요컨대 우리는 전산화된 정보 기술이 그것을 채택한 개인과 사회의 가치를 실제로 증가시킴으로써 일을 처리하는 진정 새로운 방식이 될지도 모르는 가능성과, 그것의 신기함과 그것의 이점이 과장되었을 가능성을 모두 감지해야만 한다. 이 중용의 길을 성공적으로 나아가는 일은 몇몇 중대한 가설을 비판적으로 고찰하는 일을 수반한다. 이 첫 장의 목적은 그러한 고찰에 수반되는 문제점들을 확인하는 것이며, 이어지는 장들의 목적은 그것들을 좀더 상세하게 검토하는 것이다.

문제점 개괄

정보 기술은 그저 또 하나의 도구일 뿐인가? 다분히 좀더 복잡하고 세련된, 그럼에도 불구하고 석기 시대의 인간들이 식량을 채집하는 것에서부터 사냥하는 것으로 옮아가는 것을 가능하게 했던 단단한 화살촉과 근본적으로 다르지 않은? 이 질문은 "태양 아래 새로운 것이란 없다"는 낯익은 격언 속에 표현된 러다이트주의식으로 시대에 뒤진 듯이 들릴 위험이 있다. 사실 만약 우리가 컴퓨터 시대와 무엇이 진정 수단인지 평가하려 한다면 그것은 가장 중요한 문제를 지적하는 것으로 받아들여질 수 있다. 인터넷은 정확히 얼마나 신기한가? 그것은 단순히 우리가 늘 해온 일을 처리하는 또 하나의 방식일 뿐인가? 다만 더 낫고 빠르고 싸게. 또는 커뮤니케이션 및 인간 상호 작용의 아주 새로운 형태인가? 내가 보기에 기술 애호족들에게 인터넷은 멋진 신세계의 시작을 의미한다. 그것이 새롭다는 것은 어떤 면에서 거의 의심할 수 없지만, 그러나 그것은 **근본적으로 새로운가**? 이 질문에 대답하기 위해서 우리는 근본적으로 새로운 것들의 특징에 대해 말할 필요가 있다. 모든 새로운 것들이 대등하게 중요한 것은 아니다. 여기에서 우리가 사용하는 언어에 의해 결정되는 것은 많지 않지만, 나는 '새로운' 것과 단순히 '신기한' 것을 대조시킴으로써 내가 생각하는 것을 크게 다르게 볼 수 있음을 언급할 것이다. 큰 차이가 있음은 입증하기 쉬울 듯이 보인다. 예를 들어서 어떤 점에서 '로스트비프와 겨자'는 통용되지 않는 인공 조미료이지만, 그 신기함은 최초로 이용 가능한 인공적으로 고안된 맛을 만든 참으로 새로운 기술의 독창적인 도입과 대조될 수 있다. 그런 맛은 내 방식의 용어로 새로운 한편 하나 더 생기는 것은 단지 신기함에 지나지 않는다. '새로운 것'과 '신기한 것,' 그리고 그것을 인터넷에 적용하는 일을 이렇게 구분하는 것이 제2장의 주제이다.

더 나아간 검토를 기다리고 있는 또 하나의 가설은 어느 정도 이미 이야기된 바——기술과 그것이 이바지하는 듯이 보이는 결과 간의 관계——에 대한 것이다. 여기에서는 중립주의가 중심이 된다. 이 주의는 내가 보기에 (약간의) 기술 애호자들과 러다이트족들에 의해 같은 정도로 공유된다. 그리고 양쪽 진영 모두에서 반대하는 사람들을 발견할 수 있다. 그것은 신기술들이 일정 불변하는 목적과 가치를 갖는 세상으로 들어간다는 생각이다. 그렇다면 문제는 그것들이 이들 목적과 가치들에 더 또는 덜 이바지하는지, 그것들을 증진시키는지, 아무런 차이가 없는지, 심지어 지체시키지는 않는지 하는 것이다. 이런 관점에서 인류는 건강·번영·오락·교육 같은 것들을 찾고 있거나 늘 추구해 왔다. 그러므로 기술의 가치를 평가하기 위해서는 그것이 우리 수중에 이런 것들이 좀더 충분히 들어오게 하는지의 여부를 묻기만 하면 된다. 그러나 이런 식의 사고는 기술 혁신이 건강과 오락 등에 대한 우리의 생각을 변경시킴으로써 우리에게 낯익은 것을 가지고서 세상을 변경시킬 뿐만 아니라 **변환**——말하자면 우리가 추구하는 결과를, 그리하여 우리가 신봉하는 가치를 변환시킬지도 모르는 가능성을 배제한다. 대조적으로 반대자들은 그 정반대를 가정한다. 러다이트족 측에서는 어떤 기술은 '우리가 알고 있는 문명'에 종말을 가져올 수 있고, 또 가져올 것이라고 생각한다. 기술 애호족 측에서는 새로운 세상이 우리를 기다린다거나, 좀더 통속적으로는 '여러분은 아직 아무것도 못 본 것'이라고 주장한다.

이런 의미에서 어떤 기술이 세상을 변환시켰다는 것은 그럴듯한 역사적인 주장이자, 우리가 좀더 탐구해 볼 주장이다. 여기에서 충분히 그 가능성을 알아차리고, 더 나아가 이것이 가치의 문제를 상당히 확대시키는 것을 알아차릴 수 있다. 기술이 이따금씩 세상을 변경시킬 뿐만 아니라 변환시킨다면, 우리는 기술이 우리로 하여금 우리가 늘 해온 것들을 더 잘

할 수 있게 하는지뿐만 아니라 새로운 것들이 우리가 더 나은 세상을 만드는 것을 가능하게 하는지 질문해 볼 필요가 있다. 이것과 앞서의 질문은 분명히 연관이 있다. 단순히 신기한 것에 반대되는 새로운 것의 특징은 바로 이 사실——새로운 것은 단순히 변경시키는 것이 아니라 변환시키는 것이라는——에 있을지도 모른다. 따라서 "인터넷은 참으로 새로운가?" 하는 질문을 처음 검토한 후에, 우리는 "그것이 약속하는 변환이 인간 삶을 개선하는 것인가 악화시키는 것인가" 하는 질문을 해야 할 것이다. 이것이 제3장의 주제이다.

이 질문 역시 확대 해석과 축소 해석이 있다. 단순히 변경되지 않고 변환될, 그럼에도 불구하고 너무 제한되거나 편협해서 주된 변환을 허락하지 않는 삶의 국면들이 있다. 예를 들어 텔레비전이 세상을 변환시켰다고 주장할 수 있다. 하지만 만약 이런 변환이 예를 들어 오락의 세계에 한정된다면 변환 그 자체가 크게 제한될 것이다. 인간 삶에서 오락의 장소는 과소평가되어서는 안 된다. 특정 청교도주의만이 오락을 본질적으로 하찮은 것으로 치부해 버리려 할 것이다. 그럼에도 불구하고 오락은 변환되고, 정치와 종교·과학·의학·가정의 세계가 변하지 않고 남아 있다면 오락 양식에 있어서의 변환은 인류 역사에 있어 주요 사건에 들지 못할 것이다. 이것은 오락이 존재의 그다지 중요하지 않은 국면이기 때문이라고 나는 당분간 주장할 것이다. 이에 대해서는 좀더 이야기될 것이 있지만, 만약 그것이 사실이라면 당연히 존재의 몇몇, 그리고 특정한 국면에 있어서의 충분한 변환이 필요할 것이다. 인터넷이 변환하는 기술을 만들어 낸다고 믿는 사람들은 일반적으로 이것을 인정한다. 그들은 그것의 힘은 오락뿐 아니라 교육의 미래와, 좀더 두드러지게는 정치 및 사회 생활의 구조에까지 미친다고 주장한다. 그들의 제안 중에 인터넷이 학구적이고 과학적인 목적을 위한 정보 교환을 눈부시게 바꿔 놓았거나 바꿀 힘을 갖고 있다는 것이 있다. 이것은 새로운 의미를 이끌어 들인다. 만약에 몇몇 정부가 믿는 것으로 보이듯이 인터넷에 의해 교육 방법에 혁신을 가져올 수 있다는 것이 사실이라면, 우리는 이전에 성행하던 것과는 아주 다른 형성적 영향을 새 세대들에게 미칠 것을 기대할 수 있을 것이다. 다시 한 번 더 이것은 뒤에 올 장들에서 우리가 관심을 가질 논제이다.

그러나 인터넷이 새로운 정치 형태——가장 두드러지게는 민주주의의 궁극적 실현——를 가능하게 해준다는 주장이 아직까지는 더 중요하다. 인터넷을 매개로 해서 국민의 의지가 표현될 수 있고, 그리하여 경제적인 차별이나 사회적인 왜곡 없이 이전보다 좀더 능률적으로 국민의 의지를 실현할 수 있을 것이라고 적지않은 사람들이 추측한다. 약간 다르지만 관계 있는 주장은 인터넷으로 자기 형성적 공동체, 즉 스스로 선택한 관심사에 의해 조직되고 관습적 · 국제적 경계에 무관심한 공동체가 실현 가능해졌다는 것이다. 반면에 어떤 사람들은 인터넷에서 국경과 사회적 통제를 무너뜨릴 무정부 상태의 전조, 즉 좀더 저질스러운 인터넷 사용이 뒷받침하는 경향이 있는 주장을 본다. 이 모든 것들은 대단히 관심을 끄는 중요한 주장들이다. 이 관심의 일부는 인터넷이 새로운 세계, 다시 말해서 새로운 정치적 · 도덕적 · 공동체적 세계라고 부르는 것이 과장이 아닐 것을 창조하는 힘이라고 그들이 주장하는 것이다.

그러나 만약에 그런 새로운 세계가 만들어지는 과정에 있다면, 어떻게 그것이 대체할 것이라고 몇몇 사람들이 생각하는 세계나 그것을 관련시켜 설명할 것인가? 무정부 상태——다시 말해서 정부의 힘이 미치는 범위를 넘어서는 영역——의 가능성은 어떤 사람들에게는 매혹적인 진망이고, 어떤 사람들에게는 가장 큰 사회적 위협이다. 무정부 상태에 대한 긍정과 부정, 이 두 개념은 우리에게 연구 주제들을 더 줄 것이다. 그러나 둘 다 똑같이 그런 일이 가능하다는——인터넷의 세계는 정치적 통제를 넘어서는 세계가 될 수 있을 것이라는——주장에 기초한다. 이것이 사실일까? 인터넷에 부정적인 면이 있다는 것은 이미 많은 사람들에게 명백하다. 그것은 교사와 의사를 돕는 데만큼이나 테러리스트·사기꾼·포르노 작가를 돕는 데 사용될 수 있으며, 이는 몇몇 정부에서 탐지해 내고 법적으로 금지하고자 노력해 온 활동이다. 그렇게 될 수 있을까? 만약에 그럴 수 있다면 그런 일체의 규정에서 면제된 새롭고 무정부적인 세상의 가능성은 그것을 기쁘게 생각하든 두려워하든 간에 멀어지는 것으로 보일 것이 틀림없다. 게다가 또 다른 가능성이 시야에 들어온다. 인터넷은 일찍이 만났던 어떤 정부보다도 강력하고 강압적인 정부의 도구가 될 수 있을 것이라는 점이다. 이 시나리오에서 문제가 되는 것은 정부와 정치의 미래가 아니라 개인의 사생활이다.

이들 논제——국가와 개인 간의 관계——는 수 세기에 걸친 철학적 분석 및 논증의 상투적인 수단으로 전혀 새로운 것이 아니다. 제4,5,6장에서 그것들은 새로운 전후 관계 속에서 우리 마음을 사로잡을 것이나, 보게 될 테지만 인터넷이 야기시키는 문제점들은 이 맥락에서도 역시 얼마간 도움을 주게 될지 모르는 전통적인 논쟁과 그다지 동떨어져 있지 않다.

완벽한 민주주의와 무정부 상태적인 자유, 새로운 공동체의 구성을 기대하더라도 기술 애호족들의 야심과 러다이트족들의 두려움은 끝나지 않는다. 무엇보다도 가장 극적인 것은 우리가 우리 힘으로 일상적인 우연의 한계에 구애되지 않는 경험의 세계, 즉 (예를 들어서) 내가 아이거 봉에 오르거나, 그렇게 하는 데 지금까지 부속되었던 위험과 비용에서 놓여나 우주를 여행할 수 있을 세계를 창조할 능력을 소유하게 될 새로운 현실——가상현실——에 직면하고 있다는 암시이다. 기술 애호족들에게 이것은 거의 상상할 수 없는 부의 세계이다. 러다이트족들에게 이것은 결정적인 망상에 빠지는 일이다. 여기에서 우리의 임무는 꿈과 공포 사이에서 분별 있는 판단을 내리는 것이다.

마지막 장에서 우리는 가상현실에 대한 개념과 더불어 인터넷을 신격화하는 일에 이른다. 부분적으로 나의 야심은 독자들이 그들 자신만의 결론에 이를 수 있도록 내가 할 수 있는 한 명확히 문제점들을 설명하고, 대립하는 양측의 가장 설득력 있는 논증들을 제시하는 것이다. 이것은 이런 유의 책을 쓰는 충분한 이유로 당연히 간주될 수 있을 것이다. 인터넷의 의의를 평가하는 것은 현재로서는 분명히 중요한 일이다. 그러나 나의 목적은 그 이상이다. 그것의 오랜 계보에도 불구하고(또는 어쩌면 그 때문에) 소크라테스적 전통 안에서 철학적인 추론을 하는 것이 그렇게 하는 최선의 수단임을 보여 주는 것——요컨대 철학은 동시대적이며 그저 골동품 애호적인 것이 아님을 보여 주는 것이다. 인터넷은 얼마나 새로운가? 계속해서 이 질문을 하는 것으로 두 목적에 최선을 다해 공헌할 수 있을 것이다.

2

근본적으로 새로운 것과 단지 신기한 것: 인터넷은 얼마나 변환시킬 힘이 있는가?

여기 갑자기 인류에게 풀어 놓은⋯⋯ 어림할 수 없이 엄청난 힘이 있다. 사회적 · 윤리적 · 정치적으로 온갖 영향력을 발휘하는. 즉시 해결책을 요구하는 신기한 문제들에 우리를 빠뜨리는, 낡은 것을 대체할 새로운 것이 반쯤 성숙되기도 전에 낡은 것을 추방하는⋯⋯ 그러나 물질의 시대가 갖는 별난 완고함으로 우리는 이 새로운 힘을 돈 벌고 시간 절약하는 기계로밖에 여간해서는 달리 생각하지 않는다⋯⋯. 자신들이 그것을 통제할 수 있다고 분별없이 믿는⋯⋯ 사람들 중 약간만이 멈춰서서 그것을⋯⋯ 인류에게 축복이 되거나 저주가 된 적이 있는 사회를 변화시키는 가장 엄청나고 널리 미치는 발동기로⋯⋯ 생각한다.(부어스틴의 《미국인들: 국가 경험》, p.581)

사실 이것은 1868년 찰스 프랜시스 애덤스 2세의 말로, 대륙 횡단 철도의 출현에 대한 언급이다. 이 놀라운 유사성에 주목하는 취지는 사람들이 되풀이해서 똑같은 불안을 느꼈다거나, 그들이 똑같은 불안을 되풀이해서 느낀 사람들이 아니라거나, 또는 그들이 신기술이 파도처럼 밀려올 때마다 끊임없이 똑같은 경고를 발하고 있다는 것이 아니라 각 세대마다 어떤 혁신들은 다른 것보다 훨씬 더 영향력을 갖고 또 그럴 것을 기대할 수 있다는 것이다. 애덤스의 단평을, 예를 들어서 전기면도기에다 사용하면 그 고안물이 유용하고 신기했다 할지라도 아주 부적절할 것이다.

차이점이 무엇인가? 한 가지 대답은 광범위한 영역에 걸친 사생활과 사회 생활의 성격에 대한 그 영향력이, 철도는 **변환하는 중**이었고 아마도 인터넷은 그럴 것이 기대되는지도 모른다는 것이다. 이것이 차이의 특징을 기술하는 한 방법이며, 우리가 조사할 필요가 있는 것은 이 '변환하는' 기술이라는 사상이 바로 앞장에서 상술한 구분——근본적으로 새로운 것과 단지 신기한 것 간의 구분——을 확인시키고 설명하기에 충분한지 하는 것이다. 그리고 만약 충분하다면 더 알고 싶은 것은 철도처럼 변환하는 기술 혁신 속에 인터넷을 넣는 것이 타당한지 하는 점이다.

인터넷의 특성

인터넷의 새로움을 평가함에 있어서 첫 단계는 그것을 기술(記述)하는 것이 되어야 한다. 이것은 생각보다 어렵다. 기술이 너무나 급속도로 발전하고 있어서 새로운 용도와 특징들이 거의 매일 등장하고 있기 때문이다. 인터넷은 기묘하게도 미국 군사 통신 방법으로 세상에 나왔다. 그 용도는 비밀 정보를 유통시킬 수 있는 아주 안전한 방법, 즉 일종의 내부 전자 우편 제도를 마련하기 위한 것이었다. 이 제도가 학계로 확대되어 학생들의 정보 검색을 돕기 위한 '고퍼'[4] 소프트웨어가 개발되었다. 그 다음에 그것은 하이퍼텍스트 링크 기술[5]을 개발한 스위스의 원자력연구

---

4) 인터넷의 모든 정보를 메뉴로 바꾸어서 보여 주어 전문가가 아니어도 원하는 정보 검색을 용이하게 해주는 매우 편리한 서비스. 고퍼는 이 도구를 처음으로 만들어 낸 미국 미네소타대학교의 마스코트 동물 이름이다.
5) 문서 중간의 중요한 단어마다 다른 문서로 연결되는 통로를 만들어 여러 개의 문서가 하나의 문서인 것처럼 보여 주는 방식. 하이퍼텍스트라는 말 자체는 '테드 넬슨' 이라는 사람이 65년 처음으로 창안해 냈다. 67년에는 브라운대학교의 앤디 반 담이 하이퍼텍스트 에디팅 시스템을 개발해 문서 작성의 길을 열었다.

소, CERN의 과학연구원들로부터 막대한 자극을 받았다. 하이퍼링크는 정해져 있지 않은 수의 컴퓨터 데이터베이스를 컴퓨터로 서로 연결시키고, 그렇게 해서 각각 수집된 정보를 모두 서로 교환하게 해준다. 하이퍼링크 덕분에 당신의 컴퓨터 네트워크에 있는 것은 무엇이든 내 컴퓨터 네트워크도 똑같이 접속할 수가 있다. 엄밀히 인터넷과 월드 와이드 웹은 동일한 것이 아니다. 전자는 전자화된 정보를 상호 교환하는 방법이고, 후자는 디지털식 정보를 처리하고 제공하는 방법이다. 그러나 웹이 인터넷을 장악하게 되었기 때문에 그 구분은 점점 더 그다지 중요하지 않다. 닐 배럿이 인정하듯이 "웹은 인터넷에 '경이적으로 적용' 된 것으로, 곧 비교적 소수의 열광자들로부터 진지한, 상업적인, 그리고 정부의 사용자들의 도메인으로까지 채택된 것으로 기술되었다."(배럿, p.26)

이 두 발명품의 결합으로 내가 간단하게 인터넷이라 부를 것의 기본 구성 요소가 확립되었다. 영리를 목적으로 하는 회사들이 일단 그것의 가치와 판매 가능성을 모두 확신하게 되자 정말로 월드 와이드 웹이 나타나 수백만 사람과 조직들이 그것으로 통신을 하고 디지털 방식으로 저장된 정보를 공유할 수 있게 되었다. 얄궂게도 군대의 보안 조치로 시작해 일반인까지 사용하도록 이 기술이 확대됨으로써, 인류 역사상 가장 자유롭고 가장 통제가 가벼우며 가장 국제적인 통신 수단이 도입되었고, 그들 고객 중 가장 평범한 사람들을 그리로 들어서게 한 널리 이용할 수 있는 프로그램을 만드는 것은 곧 소프트웨어 회사를 위한 일이었다.

인터넷에서 가장 즉각적으로 유용한 국면은 이메일로 알려진 전자 우편 제도로, 우편과 팩스·전화의 특징을 비교적 비용을 들이지 않고 결합한 것이다. 그 용이함과 즉시성으로 그것은 아주 신속하게 엄청난 수의 사용자들의 관심을 끌었다. 그러나 인터넷 또는 (정확히 말해서) 웹은 이것을 훨씬 넘어선다. 그것은 방대한 도서관, 거대한 미술관, 세계적인 게시판의 특징을 결합시킨 것이며, 점점 더 서로 정보를 교환하고 상호 작용하는 많은 수의 이익 집단들을 위한 제1차적인 수단이 된다. 헤아릴 수 없을 만큼 많은 양의 정보를 거기에서 입수할 수가 있다. 옛 대가들에서부터 총천연색 광고와 동영상을 거쳐 개인적인 사진과 아마추어의 스케치에 이르기까지 수백만 이미지를 거기에서 발견할 수 있다. 일간 신문, 학술 잡지, 단행본 길이의 타이프로 친 문서를 인터넷으로 볼 수 있다. 이제 생각할 수 있는 온갖 유형의 취미와 활동의 인터넷 집단이 있음을 발견할 수 있다. 이들은 가장 선구적인 학술 연구로부터 가장 사소한 취미에 이르기까지, 가장 위대한 종교로부터 지극히 불쾌한 도착에 이르기까지 무엇이든 요구를 충족시킨다. 표를 예약하고 머물게 될 호텔방을 보는 것을 포함해서 여행을 계획하거나 실행에 옮길 수 있다. 인터넷에서 (상상건대 끊임없이) 친구를 사귈 수 있으며, 거기에서 맺어진 지극히 깊은 인간 관계에 대한, 그때까지 실제로 한 번도 조우한 적이 없는 사람들끼리 결혼에 이른 관계에 대한 기록 사례가 많다. 그것은 얼마 전만 해도 진보한 타자기 겸용 계산기보다 더 나을 것이 없었던 개인용 컴퓨터의 눈부신 힘인 듯하다.

그래서 인터넷이 무엇인지 조금이나마 이해하려면 도서관·미술관·녹음 스튜디오·영화관·게시판·우편 제도·상가·시간표·은행·교실·신문·동호회 회보가 결합된 것을 상상할 필요가 있다. 그 다음에 이것에다 무한정 큰 수를 곱해서 지리적으로 무제한 확장시켜야 할 것이다. 그런 사고(思考)의 실험은 인터넷의 크기와 범위에 대해 어느 정도 이해하도록 도울 테지만 상호 작용이라는 없어서는 안 될 특징을 강조하지 못할 수 있다. 이제 '인터넷 서핑'이라는 표현은 거의 누구에게나 친숙한 말이다. 그러나 그 이미지는 조금 오해하기 쉽다. 그것은 어떤 것의 표면을 소극적으로 대충 훑어 읽는 것을 암시한다. 사실 인터넷에는 상당히 강력한 의미에서 생명이 있다. 인터넷이 거대한 백과사전처럼 정보원으로 사용될 수 있으며 새롭고 값진 발표 및 광고 수단을 제공하는 것은 사실이지만,

그 훨씬 이상이다. 요컨대 인터넷의 세계를 **관찰하는** 것이 가능할 뿐만 아니라 그 안에서 **존재하고 행동할** 수도 있다. '**가상공간**'――그리고 사이버네틱,[6] 곧 우리가 삶을 영위할 수 있는 차원에 의해서 창조된 아주 새로운 '공간적' 차원――이라는 용어의 통용을 가져온 것이 바로 이것이다.

만약 가상공간에서 '존재하는 것'이 예를 들면 육체의 형태로 '존재하는 것'과는 다른, 그럼에도 불구하고 형이상학적으로 실체가 있는 새로운 종류의 존재라면, 인터넷은 근본적으로 새로운 기술이라는 것을 거의 의심할 수 없다. 그러나 인터넷의 새로움에 관한 이 대단히 야심 찬 주장을 비판적으로 검토하는 일은 마지막 장까지 남겨두려고 한다. 인터넷의 근본적인 새로움에 대해 주장하는 것이 분명한 듯하고, 또 아마도 보다 덜 극적인 근거에 기초를 두는 것이 더 좋을 수 있기 때문이다. '존재의 새 영역'으로서의 인터넷 지위의 진상이 무엇이든간에 인터넷은 신기원을 이루는 다른 주요 발명품들――예를 들어서 자동차나 전화――과 자연히 비교하게 하며, 확실히 이런 식의 시작은 유용하다. 최근까지 우리가 살아온 세상, 곧 인터넷이 없는 세상은 자동차가 없던 오래 전의 세상과 조금 비슷할까?

근본적으로 새로운 것과 단지 신기한 것

자동차 제조사들은 해마다 신모델들을 세상에 내놓는다. 이들 모델은

---

6) 1. 노버트 위너가 정보 현상에 대한 새로운 인식에 기초해 소통과 관리의 문제를 탐구하는 새로운 학문 분야를 지칭하는 것으로, 잊혀진 옛말을 되살려내 사용한 것. 위너에게 사이버네틱스는 '소통과 통제의 동시적 과정으로서 정보 교환'이라는 뜻. 2. 목표 진입적 제어 장치의 메커니즘을 연구하는 학문. 제어와 전달의 이론 및 기술을 비교 연구하는 학문이다.

그저 모양만 새로운 것이 아니고 공법이 새로운 경우가 흔하다. 내연 기관이 처음 발명된 이후 자동차는 계속해서 바뀌었으며, 여러 면에서 엄청나게 개선되었음을 부정하기란 불가능할 것이다. 그것들은 이전의 그 어느 때보다 더 빠르고, 더 편안하며, 더 안전하고, 더 효율적이다. 그럼에도 불구하고 원래의 발명품은 근본적으로 새로웠던 반면, 차후의 모든 개작 및 개선은 그것이 아무리 환영을 받았을지라도 그저 신기했을 뿐이라는 말로 기공 단계를 명시함으로써 모든 신모델은 원발명품의 연장일 뿐이라는 분명한 의식이 있는 듯하다. 광고주들의 과장된 말에서 최신 모델은 공법상의 '신개념'이라고 기술될지 모르나, 실은 개인용 운송 기구의 신개념을 선도한 내연 기관과 사제(私製) 마차를 결합한 것이었다. 차후의 변화와 개선은 결코 신 '개념'을 의미하는 것이 아니며, 그보다는 원래의 혁신적인 사상을 확대 세련시킨 것이다.

이런 질문을 제기하는 사람이 있을지도 모른다. 왜 하필 지금 변환과 확대를 구분하고, 근본적으로 새로운 것과 단지 신기한 것을 구분해야 하는가? 결국 자동차는 우리가 좀더 광범위하게 기술할 수 있는 더 유장한 역사, 다시 말해서 운송의 역사의 흐름 속에서 발명되었다. 자동차는 마차에 대체되고, 어떤 점에서 기차보다 앞섰다. 아주 멀리까지 거슬러 올라가면 바퀴의 발명으로 시작된 얽히고설킨 자연스러운 발달 과정에서 그저 또 하나의 단계로 자동차를 보아서는 안 되는가?

이제 우리가 이 특별한 경우를 어떻게 취급하든간에, 새로운 것과 신기한 것을 구분히는 데 대해 이런 식으로 의구심을 표현하는 것은 기술의 역사를 다소 급진적인 혁신이라는 말로 이야기할 수 있다는 생각을 피하는 일이 대단히 어려움을 보여 준다. 바퀴의 발명이 기술의 역사에서 가장 중요한 단계의 하나였음은, 그것의 용법을 최초로 발견한 사람에 대해 이야기하는 것을 훨씬 넘어서는 중대성을 갖는 단계였음은 그 누구도 부정하지 않을 것이라고 생각한다. 바퀴는 단순히 차와 마차가 갖는 어떤 특징이 아니다. 그것은 톱니의 기본 원리와 도르래, 그리고 그것에 의해서 시계와 방직기 · 전동 장치의 작동 원리에 없어서는 안 되는 것이다. 요컨대 바퀴는 일체의 기계에 결정적으로 필요하다. 운송만큼이나 건축과 산업 · 공학은 바퀴가 발명되었기 때문에 현재의 모습과 그것들이 지금 갖고 있는 것들을 성취했으며, 그것의 중요성이 심각한 정도로 빛을 잃게 되었던 적은 오직 유전자 조작과 실리콘 칩의 출현 때뿐이다.

그러나 만약 바퀴의 중요성에 대해 심사숙고해 봄으로써 근본적으로 새로운 것과 단지 신기한 것 간에 중대한 차이가 있음을 깨닫게 된다면, 연속되었을지도 모르는 발달 과정의 어느 지점에서 그 구분이 적용되어야 하는지 결정하는 것은 확실히 중요하다. 이 지점은 인쇄같이 글로 쓴 단어에 결정적으로 좌우되는 인터넷 또는 대부분의 의사소통에서 정해질 수 있으며, 이런 이유로 인터넷은 단순히 태고에 쓰기의 발명과 더불어 시작된 오랜 발전 과정에서의 또 하나의 혁신으로 해석될 수 있다. 왜 우리는 그것의 출현을 특별히 중요하게 생각해야 하는가?

두 경우 모두 기술의 역사가 하나의 발명품에 의해서 구획되는 그 시작 지점을 분명히 식별할 수 있는 별개의 부분들로 나누어질 수 있는 것은 오직(적어도 대부분의 목적을 위해) 왜곡을 대가로 함으로써임을 이 질문은 보여 준다. 그러나 이 역사가 어떤 특별히 중요한 항목도 따로 떼어낼 수 없는 천의무봉의 웹이라는 결론은 아니다. 우리는 기술 혁신이 어딘지 모르는 곳에서 튀어나오는 새로운 발명인 경우는 (설령 있다고 하더라도) 좀처럼 없다는 데에 동의하면서도 여전히 다소 중요한 발명들이 있음을 주장할 수 있다. 결국 이런 것은 관련된 다른 맥락에서 이야기되어야 한다. 뉴턴과 다윈은 그리스인들로 거슬러 올라가는 연속된 연구 전통 안에서 작업했다. 그러나 그들의 사상은 과학사에서 특별히 중요한 순간으로 두드러지고, 또 한결같이 인정되곤 한다. 기술에 있어서 역시 그러하다. 특별히 중요한 것들을 지적하는 일에 관한 한 우리는 직관이 어느 정도 우리를 안내하게 할 수밖에 없다. 《노붐 오르가눔》에서 프랜시스 베이컨은 쓴다.

발견의 힘과 효과와 결과를 관찰하는 것은 좋은 일이다. 이 모든 것을 고대인들에게 알려지지 않았으며, 최근 것임에도 그 기원이 불분명한 셋, 곧 인쇄·화약·자석에서보다 더 똑똑히 볼 수 있는 곳은 어디에도 없을 것이다. 이 셋이 세계 전역에서 사물의 외양과 상태를 바꿔 버렸기 때문이다. 첫번째 것은 문학에서, 두번째 것은 전투에서, 세번째 것은 항해에서. 그리하여 셀 수 없이 많은 변화가 뒤이어 일어났다.(베이컨, 129항, p.118)

베이컨이 인용하는 발명품들을 어떻게 종이나 시계·망원경·라디오의 발명과 비교할까? 어려운 일이며, 베이컨은 그 셋 모두 또는 어느 경우를 과장했을 것이다. 그럼에도 불구하고 그가 명부에 올린 것들과 내가 비교하고자 하는 것들은 매우 중요한 발명품들로 모두 그럴듯한 경우이며, 이 점에 있어서 그 중 **어느것**도 침대차나 에어로솔 깡통·전기조각도와 뚜렷한 차이를 보일 수 있을 것이다. 그냥 어떤 발명품들은 다른 것들보다 훨씬 더 중요**하다**. 제트 엔진의 발명은 유익하고 주목할 만한 것이지만, 운송 방법으로서 비행기의 발명과 나란히 평가될 수는 없을 것이다. 이동 전화는 여러 가지로 중요한 발전이지만 전화를 개량한 것이라 최초의 전화 발명에 수위를 내주어야만 한다.

이들 예와 그밖의 다른 많은 사례들에 비추어서 모든 신기한 기술적 고안물들이 동등한 중요성을 갖는 것은 아님이 분명한 듯하며, 두 발명품 중 어느것이 더 중요한지 단언할 수 없을지라도 이것은 여전히 유효하다. 기술의 역사에서는 어떤 발명품의 '전'과 '후'를 경계로 시대를 뚜렷이 나눌 수 없으며, 더 나아가 그 발명품들을 새로운 것과 단지 신기한 것이라는 두 항목하에 분류할 수도 없음을 인정해야 한다. 그럼에도 불구하고 어쨌든 기술의 역사를 이야기하려면 얼마간의 그런 구분은 피할 수 없다. 과학사에서 중요한 발견과 중요치 않은 발견을 구분해야 할 필요가 있는 것이나 마찬가지이다. 당면한 목적에 더욱 요구되는 질문은 어떻게 그것을 최대한 설명하느냐이다. 무엇이 더욱 중요한 발명품을 더욱 중요하게 만드는가?

사회 변환: 마르크스주의자식 방법 이용하기

전기깡통따개는 그것이 아무리 유용하고 아무리 널리 보급되었을지라도 중요한 기술 개혁의 아주 그럴듯한 후보는 아니다. 대조적으로 바퀴의 발명은 해당된다. 우리가 찾고 있는 것은 어느 정도 진부할진 모르나 편리한 표현으로, 첫번째 것은 그랬다고 할 수 없지만 두번째 것은 "역사를 바꿨다"고 말할 수 있는 특색 있는 표시이다. 이제 우리가 18세기와 19세기 유럽의 농업 혁명과 산업 혁명으로 일컫는 기술적 진보에서 급진적인 변화의 아주 좋은 예들을 발견할 수 있다. 무엇이 이들 **혁명**을 일으켰나? 더 나아가 그런 극적인 서술을 정당화하는 듯한 이들 기술적 진보는 무엇에 관한 것인가? 나는 두 가지 제안을 하겠다. 첫째, 이런 식으로 명명된 변화는 정기적으로 되풀이되는 인간의 욕망을 충족시키는 지금까지는 상상도 못한 방법을 제시했다. 둘째, 사회·문화적 생활 구조에 있어서 대규모의 변화를 가져왔다. 그것은 이들 각각을 차례차례 숙고하는 데 도움이 된다.

산업 혁명과 농업 혁명이 식량 공급과 다른 재화 및 용역의 공급에 미친 영향은 (결국) 인간이 필요로 하는 물품을 지금까지 상상했던 것보다 더욱 쉽고, 더욱 풍족하며, 더욱 확실히 조달하게 했다. 물론 모두 서로 중요하게 연결된 과학에 기초한 기술과 운송의 발달에 관련되어 있기 때문에 그 영향력은 훨씬 더 크다. 첫째로는 날씨와 원자재 공급같이 생산에 수반되어 일어나는 사건과 국부적인 조건에 의존하는 일이 크게 줄어들었다. 새로운 생산 수단들(현재의 일회용품 시대로 계속 발전해 온)은 한가지, 일과 여가 간의 균형점을 바꾼 결과 대단히 많은 수의 사람들에게 이제까지보다 노력과 비용을 훨씬 덜 들이고 훨씬 덜 위험하게 기본적인 (그리고 기본적인 것이 아니더라도) 욕망을 충족시킬 수단을 확대했다.

하나만 예를 들면 다축 방적기와 방직기가 생기기 이전에는 옷감의 생산은 소규모일 수밖에 없었으며, 비교적 고도의 숙련을 요했다. 이것이 공급할 수 있는 양을 제한하고, 그래서 가격이 비교적 높았다. 따라서 대부분의 사람들은 옷차림이 누추했으며, 마르크스가 진술했듯이 인구 증가는 한정된 공급량이 더욱 내려가도록 압력을 더했다. 이 제한을 바꿈으로써——방직기의 발명이 한 일이 바로 이것인데——압력이 제거되었다. 동시에 많은 잉여분을 수출할 수 있게 해 국제 무역을 크게 고무시켰다. 과연 만약 마르크스의 분석에 따르면(그리고 이 경우에 그렇게 할 이유가 있다) 분명한 이유들로 인해서 무한하지는 않을지라도(모든 것의 생산량은 어느 순간에 제한된다) 그 생산 능력이 정해져 있지 않은 생산 방법이 존재하게 되었기 때문에, 신기술의 생산 능력은 자금의 축적과 결합하여 사실상의 모든 제한을 제거했다. 그러나 아주 실제적인 관점에서 볼 때 정해져 있지 않은 것은 무한한 것만큼이나 좋다. 나의 욕구를 충족시키기 위해 내가 재화를 무한정 필요로 하는 것은 아니다. 기껏해야 명확히 한정할 수 없는 재화의 공급을 필요로 할 뿐이다. 후자는 실제로 공급에 제한을 두지 않는 것으로 충분하다. 이 규모로 생산하게 되고도 남은 빈곤은 재화의 생산 문제가 아니라 분배의 문제이다. 다시 말해서 실로 19세기 내내 지속된 특정 집단과 개인들(가난한 사람들, 무산 계급)의 몸을 쇠약하게 하는 계속되는 결핍은 물질의 이용 가능성보다는 부의 분배——구매력——와 관계가 있었다. 따라서 사회 운동의 봉기는 단지 빈곤

이 아닌 '정의'와 관계된 것이었다.

그래서 어쨌든 마르크스는 주장한다. 그의 중심 주장은 간단히 말해 자본주의의 생산은 인간의 요구를 무한히 공급할 힘을 갖고 있지만, 생산 수단을 개인이 소유하는 것이 부의 분배를 심히 왜곡시켜 생산하는 재화를 대부분의 사람들이 실제로 손에 넣을 수가 없다는 것이다. 나는 이에 관해서 마르크스가 옳았는지 묻기 위해 여기에서 멈추지 않을 것이다. 산업 및 농업 혁명의 혁명적 또는 변환적 특징이 정기적으로 되풀이되는 인간의 필요를 충족시키는 능력에 있고, 그래서 전에 있던 일체의 생산 방식에서 지각할 수 있는 제한들을 넘어선다는 그의 초기 주장에서 그가 옳다면 그것으로 내 목적은 충분하다. 이렇게 그 두 혁명은 인간의 교역의 매개 변수도 개인의 인식도 모두 바꾸었다.

그런 혁명들의 두번째 (관련된) 특징은 내가 보기에는 마르크스에 의해 확인된 특징이기도 한데, 그것들이 사회 및 문화 생활에 일으킨 대폭적인 변화이다. 마르크스는 사상 및 개념의 영역조차 탐지할 수 있는 이런 변화의 와중에 있다고 생각했다. 그의 이데올로기 이론은 사회의 물질적·경제적 기초의 산물로 사회의 정치적·도덕적 상부 구조를 만든다. 바로 그가 염두에 둔 것과 같은 유의 예들을 찾기는 쉽지만, 그가 그 위에 세운 일반 이론을 지지하기란 어렵다. 그러나 설령 우리가 역사적 유물론이라는 그의 아주 설득력 있는 해석을 거부한다 하더라도 여러 차례, 또 여러 속도로 사회적 형태와 정치적 질서(사회적·정치적 사상을 포함해서)가 새로운 생산 기술에 의해 중대하게 바뀌어 왔음을 부정하기란 불가능한 듯이 보인다. (지금) 가장 평범한 관측 결과만 열거하면, 우선 농업의 기계화는 시골에 낳은 실업자들을 만들었다. (비록 그 설명이 기계화의 증가와 더불어 제기된 것이고, 따라서 원래의 주장이 옳음을 증명한다고 해도) 이것은 분명 과장되었으며, 우리가 농업 혁명이라고 부르는 것이 일어났던 세기보다 금세기의 유럽에서 농업 노동자들의 수가 더 크게 떨어진 것은 사실이다. 그럼에도 불구하고 도시의 형성 및 발달은 초기의 두드러진 특징이며, 근대의 역사적 발달에 대한 어떠한 만족스러운 설명과도 조화되어야 한다.

도시 무산 계급의 봉기에 대한 하나의 그럴듯한 설명은 농업 분야의 일자리가 감소함과 동시에, 공장의 증가로 조직의 효율을 위해 비교적 가까운 거리 안에 있는 꽤 많은 수의 노동자들을 필요로 했다는 것이다. 계속해서 주장하기를, 바로 이 일로 인해 도시의 성장은 큰 자극을 받았다고 한다. 이런 사회적인 변화에 더해서 유아 사망률이 떨어지고 평균 수명이 증가함으로써 인구가 팽창했다. 이들 세 힘(다시 한 번 더 나는 마르크스를 신봉하고 있다)이 결합해서 그런 변화가 있었던 나라의 대다수 사람들을 도시 거주자로 만들었다. 이것 때문에(기발한 주장이 아니다) 핵가족이 대가족을 대체하고, 점점 더 많은 사람들이 이때까지 그들 존재의 기초 구조가 되어 왔던 문화적 (두드러지게 종교적인) 양식에서 떨어져 나갔다. 그리하여 그 경향에 공헌해 왔던 정치 질서는 그다지 또는 정말 아무런 관련도 갖지 않게 되었다. 그 결과 전통적 정치 및 사회 구조는 지금 도시에 사는 사람들의 대부분에게 거의 효력을 발휘하지 못했다. 사람들의 실생활을 반영하지도 통제하지도 않았다. 만약 이 분석이 옳다면 우리는 사회적이고 정치적인 개혁을 원하는 대폭적인 움직임을 기대해야 할 것이며, 우리는 과연 그런 움직임을 발견한다. 마르크스가 옳았다면, 이들 움직임에 중요한 자극이 된 것은 진보적 민주 사상의 합리적인 호소와 그에 따른 전파기 이니라 새로운 생산 형대가 만들이 낸 변화였다. 그 사상은 변화를 가져오기보다 반영했다.

의문을 가져 볼 수도 있는 유럽의 역사적 발달에 관한 이런 해석은 많으며, 마르크스의 역사 분석은 바로 진지하고 효과적인 질문이었다. 따라서 그것은 단순화한 질문이 아니다. 산업 혁명 이전 세계의 봉건 제도는 하나가 아니었으며, 유럽 중세의 특징적 사회 형태의 붕괴는 획일적이 아니었다. 예를 들어서 마르크스의 분석이 쇠할 것을 암시한 종교적 신조가 몇몇 산업화된 나라에서는 18세기보다 19세기에 더 강한 듯이 보인다. 그리고 그 중에서도 국가는 그가 예상한 대로 '시들어 버리기'는커녕 급속도로 강력해져 갔다. 이들 비판에 비추어, 마르크스의 역사 해석은 매우 대범한 화풍으로 그려진다는 데에 동의해야 한다. 게다가 그는 다른 주요 사상가들과 공통되게 유럽 역사에 의해 과거 전체를 해석하고, 비유럽 세계의 경험을 대부분 배제한다. 그럼에도 불구하고 농업 및 산업 혁명의 의미에 대한 마르크스의 해석은 내가 보기에 지극히 일반적인 관점에서 신뢰할 수 있으며, 그렇다면 이것은 그것들을 **변환**이라 부르는 것이 무슨 뜻인지 설명한다. 당면 목적을 위해 이렇게 변환을 분석하는 일은 우리가 현재 관심을 갖고 있는 주제를 상당히 진척시킨다.

시험 사례로서의 텔레비전

이제 기술적 변화를 변환시키는 것에 대한 앞에서 설명한 특징에 비추어 텔레비전이 선도한다고 흔히 이야기되는 커뮤니케이션에 있어서의 '혁명'에 대해 생각해 보라. 그런데 실제로 텔레비전이 중요한 혁신에 대한 이 두 기준——근본적인 새로움의 기준을 충족시키는 기술적 발명품의 실례인가? 최소한 '아니다'라고 말할 그럴듯한 경우를 만들어 낼 수 있다.

우선 되풀이되는 요구들을 충족시키는지 보라. 생활에 대한 것이 식품과 의복보다 더 많다는 데 동의하도록 하자. 텔레비전이 전보다 더 풍부하게 제공한다고 생각할 수 있는 것은 무엇인가? 내가 이미 그에 대해 암시한 바 있는 명백한 제안은 정보와 오락이다. 텔레비전이 이것들을 제공하는 것에는 의심의 여지가 없으며, 디지털 텔레비전의 출현으로 약속된 채널이 엄청나게 증가함으로써 이용할 수 있는 오락의 절대양은 이전 세대들이 상상한 것을 확실히 넘어선다. 그럼에도 불구하고 텔레비전이 오락을 그에 앞선 공급 형태들과 단지 **양적**으로만 다른 것이 아니고 **질적**으로 다르게 제공하는 점이 훨씬 더 문제가 되는 듯하다. 과연 텔레비전이 텔레비전 이전의 오락보다 **더 열등한** 오락 형태를, 더욱이 교육적인 것과 오락적인 것을 혼란시키는 그것의 능력을 이용한 형태를 생산해 냈다고 그럴듯하게 주장할 수 있다. 미국 텔레비전의 공통적이고 대중적인 특징이 되어 버린 '스튜디오 대결' 프로그램들은 사실상 그것들이 첨단 기술로 만든 기괴한 흥행물의 등가물이 거의 틀림없을 때에, 인간 정서와 인간 관계에 대해 '탐색'하고 '조사'하는 구성으로 프로그램을 은폐하게 함으로써 가장 호색적인 형태에 훌륭한 겉치레를 부여하는 것으로 해석될 수 있다. 만약 이것이 사실이라면 기술적으로 좀더 세련되었다는 것보다 더 나을 바 없는 이유로 저급한 오락물을 일종의 정보로 (또 그렇게 해서 교육으로) 속여서 제시하고 있는 것이다.

텔레비전의 '정확한' 뉴스와 지식의 전파, 더욱 중요하게는 그것의 사회적 의의와의 관계에 대한 또 하나의 다르지만 관련이 있는 질문이 제기될 수 있다. 확실히 세계적인 사건들에 관한 보도(그에 관한 사진을 포함해서)는 텔레비전에 의해 지금까지보다 훨씬 더 널리, 또 훨씬 더 빠르게 배포되는 것이 사실이다. 그러나 이것이 더 좋고 더 싼 의복을 널리 이용할 수 있게 되었던 식으로 정말 개선인가? 더 좋고 더 싼 옷이 자연으로부터 자신과 자식들을 보호하는 보통 사람들의 능력을 변환시킨 반면, 훨씬 더 많은 사람들이 전보다 더 많은 정보를 갖더라도 이 정보를 가지고서 그들이 더 할 수 있는 일은 비교적 없는 것이 사실이다. 19세기를 사는 평범한 개인들이 국제적으로도, 국가적으로도 정치적인 사건들에 미쳤던 영향은 대수롭지 않았다고 믿을 충분한 이유가 있다. 그러나 아마 틀림없이 이것은 그들이 그에 대해 거의 아는 바가 없었던 결과는 아니었을 것이다. 그들이 좀더 **알았더라면** 좀더 많은 것을 **할** 수 있었을까? 만약 우리가 이 질문에 아니오라고 대답한다면, **지금** 사건들에 대해 더 아는 것이 당대의 사건 진행에 대한 일반 시민의 영향력을 증가시켰을 것이라고 믿을 아무런 실질적인 근거도 없다는 유추에 의해서 그렇게 믿을 충분한 이유가 있기 때문이다. (우리가 다시 언급하게 될) "아는 것이 힘이다"는 잘 알려진 표어이지만 일반적으로 말하는 것처럼 그 안에 많은 진실이 들어 있는지 의심스럽다. 사실 사건들에 대해 더 많이 아는 것은 더 강하게 하는 것만큼이나 더 많이 좌절하게 하는 듯하다.

이 주장에 대한 방어는 제4장에서 좀더 자세히 검토할 주제인 민주주의의 본질과 긴밀히 연결되지만, 이에 앞서라도 사건들에 관해 그저 좀더 알기만 해도 개인적인 영향력과 통제력이라는 점에서 볼 때 얼마간 가치가 있다는 생각은 어느 정도 근거 있는 듯 보일 것이다. 우리가 단지 세상에 대해 좀더 안다고 해서 우리가 세상을 만드는 것은 아니다. 사실 우리가 더 안다는 바로 그 사실이 우리로 하여금 우리의 통제력이 얼마나 미약한가를 더욱 실감하게 할지도 모르며, 바로 그것이 내가 "아는 것은 좌절이다"라는 말이 "아는 것이 힘이다"라는 좀더 잘 알려진 주장과 대등한 경쟁을 벌인다고 말하는 이유이다.

매스 미디어의 영향력에 대해서 지나치게 냉소적이지 않는 것은 중요하다. 그렇지만 우리의 지식을 증대시키는 텔레비전의 의심의 여지가 없는 능력은 원래 무조건 비옥한 것은 아니다. 전하는 많은 정보가 본질적으로 평범하고 하찮다. 엄격한 의미로서의 오락에 대해서도 조금 의미는 다르지만 비슷한 암시를 할 수 있을 것이다. 넓은 의미로 해석해서 오락의 질의 진정한 향상은 상상력을 증진시키는 데에서 나타나는 것이지 그저 더 널리 배포되는 데에서 나타나는 것이 아니라고 생각하고 싶다. 여기에서 요점은 텔레비전이 이전보다 여가 시간을 더 많이 메워 줄 것이지만 그 시간을 과거의 오락 형태——예를 들어서 민중 예술과 대화——보다 현저히 나은 방식으로 메우게 하지는 않을 것이라는 것이다. 만약 순전히 수치에 의해서만 선택권을 생각한다면 확실히 우리에게는 더 큰 선택권이 있다. 그런데 어느것을 선택하느냐에 의해서 기준이 향상되었는가? 먹는 것에 관심이 제한된 사람들에게는 근사한 케이크의 수가 늘면 선택의 폭이 증가한다. 그들이 선택할 케이크를 더 많이 갖고 있을지라도, 그들과 예를 들면 지역의 역사나 음악에까지 확대된 관심을 갖고 있는 다른 사람들을 가르는 중요한 차이는 여전히 존재한다. 그런 사람들은 이전의 그렇지 않은 사람보다 어떤 의미에서 더 잘 산다.

이 말이 대체로 사실이라고 생각하기는 해도, 옹호하는 것이 중요한 텔레비전에 대한 실질적인 주장으로 할 만큼 근본적으로 중요한 비평은 아니다. 현재의 논쟁에서 그 비평은 실로 광범위한 영향력과 호소력을 발휘해 기술적 진보의 혁신적 성격에 대해 제기될 수 있는 진심어린 회의를 나타내는 역할을 한다. 텔레비전은 거의 전례가 없는 영향력을 가졌으며, '지구촌'에 대해 말하는 것이 허황되지 않은 정도의 국제적인 커뮤니케이션을 실현했다. 그러나 그것은 정말 혁신적인가? 그것은 **근본적으로** 새로운 형태의 커뮤니케이션인가? 텔레비전이 제공하는 대중적인 오락의 만족(그리고 수백만의 사람들이 동시에 같은 프로그램을 향할 수 있다는 것은 주목할 만하다)이 마찬가지로 수백만이 가지각색의 서로 다른 방법으로 스스로 즐겼던 세대보다 우리를 더 잘 지내게 (그리고 어쩌면 더 잘 못 지내게) 만들 수 있는 상황이며 실제로 그러고 있는지도 모른다.

위에서 개괄한 신기함의 두번째 기준——정치·사회적 생활 방식에 대한 영향력——과 관련해서 텔레비전에 대해 무엇인가 같은 말을 할 수 있다. 내가 보기에 도시화의 정치·사회적 중요성에 대한 명백한 대응물인 텔레비전은 아무런 영향력도 없는 것 같다. 가정 생활은 과거 시대와 비교해 크게 바뀐다. 이것은 사실이다. 그러나 이 일을 행한 것이 (예를 들면 산아 제한 방법이나 소득 증가 수준과는 대조적으로) 바로 텔레비전이라는 것은 결코 명확하지 않다. 아마 틀림없이 텔레비전이 사회의 추세를 따를

것이다. 그것이 사회의 추세를 정하지는 않는다. 이 점에서 텔레비전을 그
것에 선행한 매스컴의 바로 이전 형태, 즉 라디오와 대조하는 것은 일리
가 있다. 처음에는 오락 수단으로 간주되었던 라디오가 특히 미국에서는
사실상 정치 생활의 성격을 바꾸었다고 말할 수 있다. 무엇보다도 그것은
공중 집회의 역할과, 정치 연설 장소와 그 안에서의 정치적 연설의 중요
성에 종말을 가져왔다. 정치적인 목적으로 라디오를 이용한 초기의 대가
중 하나가 프랭클린 D. 루스벨트이다. 그의 노동장관 프랜시스 퍼킨스는
이 매체에 의해서 유권자들과의 관계가 어떻게 교묘히 바뀌게 되었는지
상기시킨다.

라디오에서 그의 연설이 나오자 사람들이 작은 거실에 모여 이웃들과 함
께 귀를 기울이고 있는 것을 그는 보았다……. 나도 몇 번은 연설을 하는
동안 직접 그 작은 거실에 또 현관에 앉아서, 라디오 주위에 둥그렇게 모여
앉은 남녀들이, 그를 좋아하지 않거나 그를 정치적으로 반대하는 사람들조
차 모임과 친목이 주는 즐겁고 행복한 기분으로 귀 기울여 듣고 있는 것을
보았다.(부어스틴,《미국인: 민주 경험》, p.475)

부어스틴의 표현에 의하면 라디오가 지역이나 지방적 관심사를 웅변으
로 선도하는 데 적절한 '국가를 대표하는 친근감 있는 정치인을 창조' 해
냈으며, 이것이 정치 활동의 형태와 성격에 훨씬 더 심원한 영향을 주었다.

라디오는 아주 사적인 매체이기 때문에 전체주의 국가에서 개별 시민의
라디오 수신기는 잠재적인 모반 수단으로 의심된다……. 반대로 미국에서는
사적으로 라디오를 수신하는 것이 쩨쩨한 독재 지망자들과 혐오광들, 선동
정치가들에게 도움이 된다. 그들의 정치 집회에 참석하기를 주저했을지도
모르는 미국인들 중 거실 청취자들을 확보해 주기 때문이다.(같은 책, p.476)

결국 그래서 라디오의 발명이 정치 활동을 바꾸었다고 믿는 것은 적어도 일리가 있다. 프랭클린 D. 루스벨트의 첫번째 취임 연설로 백악관에서는 50만 통의 편지를 받았는데, 링컨 시절에는 상상조차 할 수 없는 정도의 대중의 참여이자 반응으로, 제퍼슨부터 캘빈 쿨리지(최초로 방송을 한 대통령)에 이르는 정치 질서의 성격에 영원히 종말을 고하는 것이었다. 모두 라디오 덕분이다. 이런 배경에 비해서 텔레비전은 거의 변화를 만들지 않았다고 생각하는 것도 마찬가지로 일리가 있다. 부분적인 이유이긴 하지만 텔레비전은 라디오보다 훨씬 더 '창구가 일방적'이기 때문이다. 시청자는 프로그램 제작자가 보여 주려고 선택한 것을 보게 된다.

　　그럼에도 불구하고 일방통행은, 다르긴 하지만 그에 못지않게 중요한 정치적 영향력을 텔레비전에 부여했다. 그것이 일반 대중에게 대단히 권력을 부여하거나 그들의 정보와 오락을 실질적으로 풍성하게 하지는 않을지라도 그들을 지배하는 자들의 힘을 심상치 않게 증대시켰다. 텔레비전은 오늘날의 지도자들로 하여금 지금까지는 예측될 수도 시도될 수도 없었던 방식으로 정치적인 사건을 결정할 수 있게 한다. 시각적인 것이 주는 효력 덕분에 동시대의 정부가 이전에는 불가능했던 방식으로 대중의 의견을 조작하는 것이 가능하며, 민주주의에서 대중의 의견을 좌지우지하는 것은 정치적인 힘을 휘두르는 것이다. 일반 국민이 이런 규모로 두드러지는 것은 신질서의 정치적인 힘이라고 말할 수 있을 것이다.

　　이것은 낯익은 사고의 경향이지만 그에 관해서 나는 다만 온건한 회의주의를 표시할 것이다. 거리가 상대적으로 훨씬 더 멀고 커뮤니케이션 체제가 현대의 기준에서 견딜 수 없을 정도로 느렸던 과거에 정치적인 통제가 매우 효과적으로 발휘된 것은 (나에게는) 놀라운 일이다. 아무튼 고대 로마는 광대한 제국을 성공적으로 지배했으며, 영국은 1백50년이 넘게 인도 대륙과 아프리카의 많은 부분을 대단히 득이 되지 않았다면 매우 유리하게 관리했다. 지금까지 세상에 알려진 지리적으로 가장 광범했던 제국

(대영 제국)은 텔레비전(하기는 라디오와 전화도)에 대해 아는 바가 없었다. 비교의 다른 측면에서 텔레비전 정치 유세가 특별히 효과적인지에 대한 어떠한 납득할 수 있는 증거도 얻을 수 없었다는 것은 주목할 가치가 있다. 부분적으로는 사람들이 텔레비전을 켜고 있을 때조차도 실제로 얼마나 그것을 주시하는지 알기란 불가능함이 입증되었기 때문이다. 반대로 정치에 대한 무관심은 원거리 통신 시대에 증대된 듯이 보인다. 1997년 영국 총선에 이은 여론 조사는 선거를 한 사람들 중 놀랍게도 57퍼센트가 텔레비전에서 선거 보도가 나올 때마다 끄거나 다른 채널로 돌렸다고 했다고 주장했다. 클린턴 대통령의 탄핵이 대단히 관심을 모았던 의회 표결에서 등록된 선거인들 중 35퍼센트만이 투표를 했다. 최신 원거리 통신 방식이 갖는 최고 속도와 역량으로 해서 현대의 국가 지배력은 사실상 옛 제국의 지배력보다 더 큰 것이 확실한가? 상당히 자유로운 사회에서 매스컴의 효과는 권력을 집중시키는 만큼이나 권력을 분산시키게 될 것——라디오가 '탁상의' 극단론자에게 도움이 된다는 부어스틴의 발언이 강조하는 가능성——같기 때문에 사실 현대 기술은 지배력을 감소시켜 왔을지도 모른다.

이것은 우리가 민주주의의 본질과 그에 관한 인터넷의 잠재력에 대해 검토할 때 좀더 충분히 다루어야 할 점이다. 당장은 텔레비전의 정치·사회적 의미에 대해 막연히 회의(懷疑)하는 것에 만족할 수 있다. 의심의 여지없이 대단히 널리 보급된 이 발명품의 영향력이 그저 신기한 것에 대립되는 근본적으로 새로운 것에 해당하는지에 대해 심각히 의심해 보는 것으로 이 회의는 귀결된다. 정치적 변환을 초래한 것은 텔레비전이 아니라 바로 라디오이다. 나는 그렇다고 제안해 왔으며, 과연 이것이 사실이라면 그것은 가장 주의를 끄는 기술 혁신이 반드시 가장 중요한 기술 혁신은 아닐 수도 있음을 보여 준다.

인터넷이 변환을 일으킬 것인가?

그렇다면 인터넷의 무엇이? 전술한 의견은 좀더 면밀한 주의를 할 수밖에 없도록 빈번히 관찰되며, 내가 보기에는 그것의 새로움에 대한 의문과 직접 관련되는 그에 관한 두 논점을 검토할 상황을 마련한다.

근본적으로 새로운 것을 나타내는 특징들을 상기해 보라. 대중성과 급속히 확산되는 인터넷 기술에 지나치게 감동되어서는 안 된다. 그 중요성에 대해 타당하다고 생각되는 의혹들이 제기된 텔레비전의 발명에도 마찬가지의 특징들이 수반되었기 때문이다. 오히려 진정으로 변환하는 기술을 나타내는 특징들은 다른 데에 있으며, 내가 주장해 왔듯이 이중적이어서 되풀이되는 필요에 (질적으로는 물론 양적으로도) 보다 더 기여할 수 있고, 또 정치 및 사회 생활 방식에 두드러진 영향력을 발휘한다. 이 중 첫번째 것——필요에 기여하는 더 큰 능력——은 사실상 힘의 증대이다. 변환 기술을 가지고서 우리는 전보다 더 많은 것을 할 수 있으며, 이 힘의 증대와 더불어 선택이 증가하게 된다. 그러나 이렇게 분석될지라도 인터넷은 변환 기술이라고 주장해야 할 경우가 있다. 반복되는 필요와 선택권 간에 그것의 두드러진 특징과 연결될 수 있는 어떤 관계가 있기 때문이다. 월드 와이드 웹은 극단적으로 사람들에게 힘을 준다고 말할 수 있을 것이다. 왜냐하면 텔레비전이라는 상당히 수동적인 매체와는 달리, 그것이 갖는 쌍방향으로 영향을 주고받는 특성이 일반 시민들에게 그들의 환경과 장래를 결정하는 정치·사회적 사건에 대해 일찍이 없었던 영향력을 발휘할 가능성을 제공하기 때문이다. 그들 삶의 공적 또는 공동체적인 면에 대한 통제를 극적으로 확장함으로써 그것은 개인에게 이전보다 더 많은 자율성을 부여한다. 또는 그렇게 주장될 수 있고, 또 주장해 왔다. **만약** 이것이 사실이라면 인터넷은 이런 식으로 인간 삶의 기본 가치를 대단히 높이고, 그렇게 해서 물질적 번영 못지않게 기본적 욕구를 만족시킨다.

더 나아간 사상의 한 계열에 따르면 인터넷은 또한 사회·문화적인 관례상의 중요한 변화의 전조가 됨으로써 근본적인 새로움의 두번째 기준도 만족시킨다. 국경을 타파함으로써 그렇게 한다. **세계적인** 웹이라 한 것은 적절한 명칭이다. 그것은 전례가 없는 정도의 국제주의를 가져왔다. 국경을 타파함으로써 그것은 사회 생활에서의 지배적인 힘으로서의 국가 권력에 이의를 제기하고, 그래서 개별적으로 선택한 입장에 맞게 인간 공동체를 재구성하는 것을 가능하게 한다. 그런 재구성은 그것이 정말로 실현된다면 진정 변환이 될 것이다. 그것은 인간이 수 세기 동안 대규모로 조직해 온 제도인 민족 국가에 대해 개인과 집단이 무관심하게 만들 뿐만 아니라 민족 국가를 전복시킬 것이기 때문이다.

인터넷의 소문난 이 두 특징——민주주의와 국제주의——은 제4장에서 좀더 자세히 다룰 특성들이다. 내 생각에 그런 검토는 인터넷의 영향을 결정하는 일의 기본이다. 그 둘은 인터넷의 창안으로, 인간은 이 기술 혁신 덕택에 근본적으로 새로운 것의 영역으로 들어섰다는 주장의 기조가 되기 때문이다. 그러나 우선 그같은 변환의 가치를 평가하는 일에 대해 이야기하는 것이 좀더 필요하다.

3

파우스트식 거래:
기술에 대한 가치 평가

파우스트

파우스트 박사 이야기는 많은 이들의 상상을 사로잡아 왔으며, 그 중에서도 물론 괴테와 말로가 특히 두드러진다. 중세의 전설을 16세기 독일의 강신술사에 관한 실화가 채택해 계속해서 함께 무한한 권력을, 그러나 유한한 동안 주는 대가로 자신의 영혼을 악마에게 판 남자의 이제 잘 알려진 이야기를 만들었다. 말로의 작품에서는 모든 분야의 대가로 지낸 24년의 종말이 다가오고, 그가 맺은 계약이 진정으로 무엇을 의미했는지를 깨닫는 포스터스에 대한 묘사에 적지않은 애절함이 있다.

기술적인 야심을 적용하기 쉬운 것이 바로 이미지이다. 참으로 혁신적인 공학자는 꿈꾸지 못한 힘의 원천이 그 안에 있다고 믿으며 전적으로 새로운 힘의 원천——예를 들면 전자공학·원자력·유전공학——에 자신을 내던지지만, 미래가 전개됨에 따라 신기술에는 부정적인 면이 있음을 흔히 (항상 지나치게 낙관적인) 원본(原本)의 어떤 부분도 만들어 내지 않은 결과의 형태로 발견할 뿐이다. 이들 파우스트식 거래에 관한 문제의 일부는 미래를 예측할 수 없기 때문에 발생한다. 발명품들이 어디로 이끌고 갈지 어떻게 알겠는가? 그리고 만약 이를 알 수가 없다면 어떻게 얻는 것이 잃는 것보다 더 가치가 있을지 알겠는가? 의학의 역사를 다룬 그의 걸작, 《인류 최대의 편익》에서 로이 포터는 사회적·상업적 진보가 이 진보가 득을 주리라고 기대했을, 그리고 기대한 사람들을 여지없이 무너뜨린 질병과 전염병들을 그 결과로 남긴 사례를 거듭해서 기록한다. 예를 들어서 축산의 출현으로 좀더 믿을 만한 식량원을 확보하긴 했지만 사람들은 자연 면역력이 거의 없는 병원(病原)에 아주 가까이 접근하게 되었다. 마찬가지로 개선된 공업 생산은 인구 집중을 필요로 했고, 이는 쥐들에 지니고 있는 선(腺) 페스트가 번창할 수 있는 조건을 만들었다. 실제로 포터는 바로 약품 개발 자체를 알려진 질병을 개선하는 것과 건강에 새로운 적을 필연적으로 야기시키는 것 간의 끊임없는 변증법으로 생생히 기술한다.

모든 주요한 기술·사회적 혁신은 예측하지 못한 위험과 불이익을 수반하는 것으로 보인다. 이것이《기술과 보복 효과》라는 부제가 붙은 에드워드 테너의《왜 사물들은 입술을 깨물며 할 말을 참는가》의 주제이다. 테너는 기술 혁신이 대단히 유익한 것으로 보도되고 왕성하게 응용되는 네 주요 분야——의학·농학·정보 처리 및 스포츠——를 검토한다. 각 경우에 있어서 신제품을 최초로 발견하고 사용하는 자들이 전혀 예상치 못한 중요한 해로운 결과들을 그는 기록한다. 이 결과들 중 약간은 유해한 것으로 정확히 기술할 수 있었지만, 미래를 예측할 수 없다는 것이 우리를 무력히 아무런 활동도 안하는 상태로 이끌도록 해서는 안 되며, 또 그런 일은 좀처럼 없었다. 흔히 말하듯이 삶은 진부하지만 진정 계속되어야 한다. 선과 악 모두를 위해서 기술은 개발되며, 테너의 말처럼 조금 따분하지만 진리는 "우리 시대의 기술은 기적 같은 병기도 아니요, 불발탄도 아니"라는 것이나.(테너, p.199)

그래도 최신 기술의 나락으로 곤두박질치기 전에 그런 발전을 심판할 수 있는 **어떤** 방법이 없을까? 이 책 서문에서 나는 닐 포스트먼과의 라디오 인터뷰를 인용했었다. 포스트먼은 우리가 언제나 기술 혁신의 유용성을 평가해야 할 때 쓸 시험 방법을 제안한다. 어떤 신기술이건 이것이 해결책이 되는 문제가 무엇인지 물어보라고 그는 말한다. 그의 책《테크노폴리〉에서 포스트먼은 머지않아 우리가 숙고할 더 심오한 문제들에 대해 조심하도록 충고하지만, 인터뷰에서는 사람들이 기술적으로 창의력이 넘치는 것이나 단지 신기한 것에 반할 수 있으며, 또 이 기술 애호의 영향을 받아 문제의 기술적 고안물의 가치와 장점을 합리적으로 평가하는 지극히 중요한 직무를 간과한다는 사실을 폭로하는 데 주로 관심이 있는 듯이 보인다. 기술에 대한 그들의 사랑은 맹목적이라고 말할 수 있을 것이다. 분명 그런 사람들이 있기 때문에 그의 지적은 수사학적인 설득력을 갖는다. 그렇다고 할지라도 우리가 그런 합리적인 평가에 정말로 관심이 있다면 이런 질문을 할 필요가 있다. 포스트먼이 제기하는 질문은 쓸모 있는 것인가?

대답을 찾으려면 그 가정들 중 몇몇을 살펴보는 것으로 시작할 필요가 있다. 첫번째는 이것이다. 포스트먼이 여기에서 표현하듯이 그 질문은, 어떤 기술적 고안품이 만족시키려고 하는 욕망은 그 고안품보다 더 중요하고 그 고안품과는 별개임을 전제로 한다. 이것은 웬델 베리가 《사람들은 무엇을 위해서 존재하는가?》에서 제안한 신기술에 대한 아홉 가지 시험 방법 중 하나에서 훨씬 더 명확하다. "[어떤 새로운 고안품도] 그것이 대체하는 고안품보다 확실하고 명백하게 더 나은 효과를 내야 한다."(베리, p.172) 이들 시험 방법의 배후에 있는 사상은 데이비드 흄의 유명한 금언에 대한 변주로 표현될 수 있다. "이성은 열정의 노예이며, 또 노예여야 한다."(우리가 직접 조사하는 것이 마땅할 금언) 기술 혁신은 독자적인 문제의 노예이며, 또 언제나 노예여야 한다.

두번째, 포스트먼의 질문은 신기술이 우리에게 맞싸울 힘을 줄지도 모르는 일의 문제가 되는 성격은, 말하자면 주관적으로 선정됨을 암시한다. 다시 말해서 문제가 무엇이든간에 우리가 문제가 된다고 발견하는 것에 의해 문제로 규정된다.

세번째, 기술적 사고는 철두철미하게 분명한 목적을 갖고 있다. 즉 기술은 전적으로 결과에 이르는 수단——소로가 일찍이 표현했듯이 개선되지 않은 결과에 이르는 개선된 수단——이라고 규정할 수 있다. 이 세번째 가정은 내우 많은 사람들이 공유해서 거의 자명한 것으로 긴주될 수 있을 것이다. 그렇다. 앞으로 보게 되리라고 생각하지만 그것은 질문하는 일에 상당한 의미가 있다는 가정이다. 사실 이 장의 계획은 이 가정들을 차례로 검토해 보고 나서 도달한 결론 중 약간을 인터넷에 관한 생각에 적용하는 것이다.

욕망의 노예로서의 기술

어떤 기술적 고안품이 만족시키려고 하는 요구는 그 고안품보다 중요하고 그 고안품과는 별개로 존재한다는 것이 사실인가? 그렇게 생각하지 않을 이유가 있다. 포스트먼의 의문은 자연스러운 것이지만 우리는 어떤 신기술에 대해서도 즉시 의문을 가져 볼 수 있을 것이다. 이것은 이전에는 할 수 없었던 무엇을 **가능**하게 하는가? 이것은 어떤 혁신적 고안품에 대한 그럴듯한 시험 방법일 뿐이지만 훨씬 덜 정적이다. 그것은 욕망과 용도는 일정불변한 것이라고 가정하지 않는다. 우리는 새로운 욕망을 만들어 낼 수 있고 또 만들어 내며, 새로운 흥밋거리를 찾을 수 있고 찾는 것이 분명한 것 같기 때문에 새로운 가능성에 대한 의문 또한 평범한 경험과 더욱더 조화를 이룬다. 다시 말해서 우리는 이전에 원치 않던, 심지어는 원할 생각도 않던 것들을 원하게 **될** 수 있다. 이 사실, 곧 일상적인 경험이 확증하는 듯한 사실로부터 우리가 또한 이전에는 필요로 하지 않았던 것들을 **필요로 하게** 될 수도 있는 것으로 추정된다. 새로이 발견된 욕망들이 주어졌을 때 우리는 그것들을 만족시킬 수단——곧 지금까지는 사용하지 않았던, 따라서 우리가 이전에는 필요치 않았던 것들에 대한 필요——을 사용하기 때문이다.

새로운 욕망들(그러므로 새로운 필요)은 무엇에서 생겨나는가? 더 많은 정보는 분명한 하나의 원천이다. 나는 내가 알게 된 것들을 원하게 된다. 예를 들면 어제까지만 해도 나는 중국 음식에 대해 아무것도 몰랐으나 그것을 알게 된 후 중국 음식을 먹는 것이 내 욕망 목록에 추가된다. 이제 신기술의 가치는 새로운 욕망의 예기치 않은 출현에 좌우되지 않음에 주의하는 것이 중요하다. 새로운 발명품들과 동시에 욕망들이 편리하게도 튀어나와 존재하게 될 것 같지는 않다. 기술의 유용성은 새로운 욕망들을 **자극하는** 효과가 있다. 나는 말하자면 직접적으로 물건들을 원하는 것이 아니라 내가 그것들을 성취하는 수단이 있다는 것을 발견하기 때문에 원하게 될 수 있다. 나는 이를테면 비교적 비싸지 않은 항공편을 이용할 수 있는 것을 발견하기까지는 카리브 해에서 휴가를 즐기는 것을 결코 생각해 보지 않았다. 이제 편하고 싸게 원거리 여행을 하는 것이 가능하므로 나는 그렇게 하고 싶어진다. 신기술은 새로운 가능성들을 제공하며, 이 새로운 가능성들이 새로운 욕망을 불러일으킨다.

그럼에도 불구하고 좀더 생각해 보니 새로운 욕망과 그것의 형성에 도움을 주는 기술의 역할에 관한 이런 주장은 사실 포스트먼의 질문 배후에 있는 가정을 부인하지 않는다고 볼 수도 있다. 필요와 욕망이 포괄적 표제——음식·자극·오락·정보·레크리에이션 등에 대한 욕망——에 포함될 수 있는 한 기술 혁신은 어떤 은밀한 또는 흥미로운 의미에서 새로운 욕망을 창조해 내지 않는다. 그것들은 비록 좀더 커지고 정밀해진 내역——그냥 휴가가 아니라 해외 휴가, 그저 새로운 사실이 아니라 새로운 영화 등등——을 한 것이긴 하나 원래 있었던 욕망들을 만족시키는 새로운 방법을 개발할 뿐이다. 포스트먼에 대한 나의 비판의 요점은 이러한 좀더 구체적인 욕망들을 동일한 포괄적 표제 아래 포함시킬 수 있는 한 그것들은 진짜 새로운 것이 아니라는 것이다. 그러니까 예를 들어서 모닥불과 전자레인지 오븐이 기술적으로 아주 다르고, 음식을 만들고 대접하는 양식이 현저히 다를지라도 그것들의 가치는 바로 기초가 되는 동일한 원인——음식을 만들려는 욕망——에서 비롯된다. 마찬가지로 컴퓨터 게임들이 사용하는 복잡한 기술에도 불구하고 컴퓨터 게임의 매력은 루도(Ludo) 주사위 놀이 같은 단순한 보드 게임[7]의 매력과 근본적으로 다르지 않다.

그러므로 어쨌든 그것은 주장될 수 있고, 조심스럽게 조사되어야 할 필요가 있는 대답이다. 그러나 우리가 말할 수 있는 한 가지는 그것의 논쟁을 불러일으키는 전략——포괄적 표제 아래 특별한 요구를 포함시키는 전략——은 우리에게 진정 새로운 가능성으로 주어진 것으로 생각할 이유가 있는 바로 그 차이를 감추는 위험을 무릅쓴다. 이 예를 보라. 인간에게는 그림을 제작하고자 하는 보편적인 욕망이 있다고 생각하는 것은 그럴싸하다. 사실상 과거와 현재의 모든 문화에서 시각적 재현 관습을 발견할 수 있으며, 고고학자들이 밝혀낸 동굴 미술들은 이것이 아주 오래전으로 거슬러 올라가는 심층적 인간 행동의 특징임을 시사한다. 그럼에도 불구하고 모든 형태의 시각 예술을 단순히 이 기본 성향을 충족시키는 또 다른 수단으로 분류하는 것은 우리로 하여금 서로 다른 형식——예를 들어서 회화와 사진——간의 중요한 차이를 무시하는 일에 휘말리게 한다. 그림은 사진이 갖는 속도나 적은 비용, 힘이 없기 때문에 특별히 부유하지 않은 보통 사람이 가족 나들이 그림을 그리거나 학창 시절을 기록하는 것을 허락하지 않기 때문이다. 이것들은 사진 기술이 실현시킨 그림 제작의 응용이다. 우리는 우리의 과거를 전 시대 사람들이 그랬듯이 시각적으로 되돌아볼 수 있다. 그러나 이전 세대의 거의 모든 구성원들이 믿지 않았던 방식으로——과거에는 초상화를 그리는 것은 주로 부유 계급의 영

---

7) 체스처럼 판 위에서 말을 움직여 노는 게임이다.

역이었던 까닭에 요즈음 우리는——우리의 과거를 재생할 수 있다. 게다가 비디오 캠코더의 출현으로 사진은 부유한 사람들이나 그다지 부유하지 않은 사람들에게나 똑같이 새로운 가능성——동영상으로 과거를 재경험하는 것——을 넓힌다. 이제 우리는 이전에는 상상 속에서밖에 하고 싶어할 수 없었을 것을 하고 싶어할 수 있다. 할 수가 있기 때문이다.

강조되어야 할 점은 비록 그림을 제작하려는 욕망이 실로 인간이 하고 싶어하는 욕구의 기본 특성일지라도 새롭고 더욱 쉬운 방법으로 그것을 만족시킬 수 있다는 것이 우리 삶 전반에서 그림과 그림 제작의 역할을 바꾼다. 인기 있는 사진은 과연 기억과 그림 간의 관계를 **전도**했다고 말할 수 있을 것이다. "이제 특별히 잊지 못할 또는 역사적으로 중요한 사람이나 장면을 단순히 촬영하는 대신에 [사람들은] 무작위로 사진을 찍고는, 사진을 찍었기 **때문에** 장면을 기억할 수 있다. 사진은 기억해 둘 만한 경험을 만드는 장치[가 되었다]."(부어스틴, 《미국인: 민주 경험》, p.376)

사진의 예가 보여 주는 바는 사실 기술 혁신이 과거에 그랬던 것처럼 욕망의 축적을 언제나 허용하는 것은 아니라는 것이다. 어쩌면 그것은 그런 적이 거의 없을 것이다. 하지만 확대함으로써 거의 언제나 그것을 변화시킨다. 전등의 발명은 맨 처음 주로 촛불과 가스맨틀의 대체물로 중요했다. 그러나 그것은 또한 스포트라이트를 개발하고 확대함으로써 영사기도 개발하게 했다. 요컨대 새로운 조명 방식은 옛것의 임무를 훨씬 더 효율적으로 수행했을 뿐만 아니라 더 적은 비용으로 수행했다. 그것은 더 많은 가능성들을 도입했다. 신기술은 더 깊은 수준에 비축된 욕망도 바꿀 수 있다. 포스트먼의 '시험' 질문 배후의 첫번째 가정이 함축하는 것은 기술의 가치는 궁극적으로 그것이 특정한 요구에 공헌하는 데에 있다는 것과, 이 요구는 지속적이고 반복적인 점이 특징일 수 있다는 것이다. 그러나 사실 더 나아가 이런 가능성이 있다. 신기술들은 그 요구에 대한 우리의 개념을 바꿈으로써 우리의 욕망을 바꿀 수 있다는 것이다. 과연 포스트먼 자신도 다른 곳에서 이 점을 정확히 강조한다. "컴퓨터에 관해 우리가 살펴볼 필요가 있는 것은 그것의 학습 도구로서의 효율성과는 전혀 무관하다. 우리는 그것이 그런 식으로 배우는 일에 대한 우리의 개념을 바꾸고 있음을 알아야 할 필요가 있다……."(포스트먼, 《테크노폴리》, p.19.)

이에 대한 실례로서 건강의 예를 살펴보라. 에릭 매슈스는 '광의' 의 의학 기술과 '협의' 의 의학 기술로 나눠, 전자는 일반적인 실무 기술을 지칭하고 후자는 그가 '철저히 과학적인' 지식이라 부르는 것에서 나와 연구된 기술을 지칭하는 것으로 유용하게 차별했다. 매슈스는 의학 기술의 경우 '광의' 의 기술은 건강에 관한 일반적이고 독자적인 욕망에 호소하는 한편, 현대의 '협의' 의 기술을 특징짓는 표시는 건강에 대한 우리의 개념에 그것이 끼쳐 온 영향력이라고 주장한다. 그 결과 인간이 건강한 삶을 욕망할 때 그들이 스스로 욕망하고 있다고 생각하는 것은 이제 이전 시대와 다르다는 것이다. 건강을 확보하는 수단뿐 아니라 확보된 것도 바뀌었다.

건강은 점점 더 ('자연 질서' 의 속박 속에서) 인간 유기체가 종 특유의 정상적인 기능을 하는 것뿐만 아니라 의학적 치료가 (그 속박을 깨고) 우리로 하여금 도달하게 해야 하는 상태를 의미하게 된다……. 건강이란 인간 삶을 제한하는 것이 최선이 아니고 그 제한 자체로부터 해방하는 것이 된다. (매슈스의 《수단과 목적》, 제1권 제1번, p.20)

여기에서 나는 이 특별한 경우에 있어서의 논증의 설득력에 관심이 있는 것이 아니고, 다만 그 논증이 기술과 기술이 기여하는 목적의 관계가, 우리가 그럴 것이라고 당연히 추정할지도 모르는 것과 같지 않다는 생각을 보여 주는 그럴듯한 본보기가 되는지에만 관심이 있다. 우리가 추구하는 목적은 부분적으로 우리가 그것들을 추구하는 수단을 갖고 있기 때문에 추구되며, 우리가 그 목적들을 어떻게 생각하는지는 우리가 그것들을 실현하기 위해 이용할 수 있는 기술의 영향을 받는다. 만약 매슈스가 옳다면 오랫동안 건강이란 개념은 자연의 한계 안에서 획득된 어떤 것으로 생각되었다. 과학적인 의학의 출현과 더불어 건강이란 개념은 자연의 한계를 초월하는 어떤 것이 된다.

문제가 되는 것의 본질

이 모든 것에 대한 결론은, 기술은 아마 몇몇 제한된 경우를 제외하고는 인간의 필요와 욕망의 보조자가 아니라 그것들을 형성하는 데 대단히 중요한 기여자로 간주되어야 한다는 것이다. 이제 두번째 전제——기술적인 문제는 우리가 이미 문제가 된다고 발견한 것에 의해서 생긴다는——를 살펴보라. 많은 경우 기술적 진보는 주어진 임무를 수행하는 더 나은 방법들을 찾는 데 있음이 사실이다. 그렇지만 그런 개선은 효율성에 있어서의 증진으로 정확히 기술될 때에도 기술**에 의해서 드러날** 수 있는 것이지, 그저 기술 **속에 구현되는** 것만은 아니다. 예를 들어서 레이저 광선을 이용한 수술의 가장 즉각적으로 감지되는 이점은, 건강한 조직을 좀더 많이 건드리는 옛 방식의 수술에서도 시도했던 정밀한 임무를 좀더 효과적으로 수행할 수 있는 점으로 생각하는 것은 그럴듯해 보인다. 그런데 레이저 광선을 이용한 수술은 또한 입원 기간을 훨씬 더 단축시킴으로써, 생리적인 요인들뿐만 아니라 부분적으로 심리적 요인에 의한 결과로 치유 속도를 **빠르게** 하는 것이 발견되었다. 원래의 목적은, 이를 테면 피를 덜 흘리게 하려는 것이었지만 성공적인 치료법이라는 관점에서 볼 때 최종 결과는 이보다 상당히 더 좋다. 우리가 신기술을 적용하기에 앞서 이것을 예측할 수 있었을 것이라고 추측할 아무런 이유도 없으며, 이것이 개선된 이점이 새로운 수법에 의해서 드러난 것이지 단지 그 속에 구현된 것이 아니었다고 말하는 것이 옳은 이유이다.

이 관찰에 입각한 소견의 실상은 처음 보기보다 조리에 닿지 않게 생각될지도 모른다. 효과적이고 더욱 신속한 병의 회복을 시종일관 추구해 왔음이 사실 아닌가? 이것은 보편적인 요구에 대한 앞서의 토론과 관련된 질문이다. 요는 우리는 신기술이 처음 예측한 것보다 크게 개선되었음이 **드러나게** 할 수 있으며, 좀더 중요하게는 동시에 한편으로 내내 문제로 간주된 것——이 경우에는 병——을 역점을 두어 다루는 증진된 기량 속에 그것들의 가치가 존재함을 계속해서 신봉한다는 것이다. 바로 레이저 광선을 이용한 수술이라는 특수한 예에서 이럴 수도 있다. 나는 그 사례를 논하지는 않을 것이다. 가능한 모든 예에 대해 같은 주장을 할 수 있을지는 훨씬 더 불명확하다.

의학에는 일반적으로조차 해당되지 않는다. 사실 나에게 의학 기술은 해결하기 어려운 것들의 매개 변수들을 바꾸는 혁신의 실례들로 가득한 듯 보인다. 예를 들어서 생명 유지 장치가 발명되기 전에는 지속적인 식물인간 상태가 죽음에 해당되는지의 여부가 문제되지 않았다. 그런 상태의 사람은 통상적으로 단시간 내에 죽게 마련이었다. 신기술이 드러낸 것은 단순히 생물학적인 수준에서의 삶과 의식이 있는 수준에서의 삶 간의 간격이었다. 기술의 도움으로 후자가 끝났을 때에도 전자가 계속될 수 있었기 때문이다. 이것은 산 것인가, 죽은 것인가? 그리고 그에 대해 우리가 할 일은 무엇이지? 여기에 새로운 문제가, 곧 이전에는 문제되지 않았던 어떤 것이 있는 듯하다.

아직도 근저에는 연속성을 유지하며 여전히 생명을 보존하고 죽음을 막는 것이 있다고 주장하며 이의를 제기하는 사람이 있을지도 모른다. 그러나 이것은 그저 논점일 뿐이다. 지속적 식물인간 상태에 있는 누군가를 보존하는 것이 **적절한 의미에서의** 생명 보존인가? 우리는 생명은 소중한 것이기 때문에 보존할 가치가 있다고 생각한다. 이 신기술이 한 일은 그런 특성이 있어서 그 가치가 의심스러운 '생명'을 연장할 수 있는 일을 우리의 손에 맡긴 것이었으며, 바로 이렇게 때문에 식물인간의 상태를 한 모양으로 생명을 유지할 의무는 과거보다 훨씬 더 분명하지 않다. 이전에는 생명을 연장하는 의무가 무엇을 의미하는지 알았다. 지금 우리는 그렇지 않다.

간단히 말해서 기술은 오래된 결과로 가는 새로운 수단으로 출발할지 모르지만 기술의 발달은 목적 자체에 대한 우리의 개념에 심각한 영향을 미침이 판명된다. 이것은 우리가 포스트먼의 '시험' 속에 끼워넣은 세번째 가정——기술은 **본래** 분명한 목적이 있다——에 경도된다면 놀라움이 될 것이다.

수단과 목적

철학적 관점에서 이 세번째 가정은 내가 판단컨대 셋 중 가장 흥미로운 것이다. 포스트먼의 시험은 기술이 오로지 목적에 합치해야만, 다시 말해서 **전적으로** 목적에 이르는 수단의 문제에만 적합하다. 그것은 하기 쉬운, 그리고 이 더 나아간 이점을 가짐으로써 훨씬 더 쉬워지는 가정이다. 그것은 우리에게 개념상 단순한 평가 기준, 즉 유용성을 제공한다. 그러나 그에 대한 첫번째 강조점은 바로 이 특성에서 생겨난다. 인간의 목적을 수행하는 데는 효율보다 가능성이 더 중요하다. 또한 스타일의 문제가 있다. 식욕을 만족시키는 일을 예로 들어 보자. 만약 이것이 단순히 영양 공급의 필요를 더욱 효율적으로 충족시키는 문제라면 우리는 음식을 준비하는 중요한 국면——맛을 설명할 수 없을 것이다. 어떤 요리법이 소화력, 무해성, 그리고 영양가 면에서 볼 때 다른 요리법이나 매한가지인데,

그 맛과 모양 때문에 선호될 수 있다. 게다가 맛과 모양에 있어서의 개선은 발견의 문제이기가 아주 십상이다. 새로운 배합을 발견하려는 욕망이 미리부터 존재하지도 않았고, 또 그런 것이 발견되기를 기다리고 있다는 확신조차 없었어도 나는 두 가지 맛의 혼합이 얼마나 맛이 있는지, 말하자면 **처음부터** 발견할 수 있다. 유사한 방식으로 나는 서로 다른 요리법의 이점을 발견할 수 있다. 돼지구이의 발견에 관한 찰스 램의 유명한 이야기의 (한) 주제가 바로 그같은 것이다. 이런 식으로 부엌에서의 기술은 대략 순전히 실험일 수 있다.

다른 임무들 역시 마찬가지이다. 컴퓨터 그래픽으로 인해 이제 이전 어느 때보다 많은 사람들이 프레젠테이션에서 실험을 할 수 있다. 말하고 싶은 것이 무엇인지 이미 알고 있지만, 실지 훈련을 함으로써 그것을 좀더 흥미를 일으키고 눈길을 끄는 방식으로 말하는 것을 발견한다고 가정해 보자. 이 신기술의 매력은 단순히 또는 주로 펜과 그림보다 속도를 늘리고 비용을 줄이는 데 있는 것이 아니라 스타일 및 표현에 있어서의 가능성에 있다.

그러나 스타일의 중요성을 무시하는 것은 근본적인 합목적성에 대한 가정에서 중요한 과실이 아니다. 좀더 근본적인 과실은 ‘목적’과 ‘수단’을 구분하는 것이 상대적이라기보다 절대적이라고 보는 은연중의 가정이다. 절대적인 것과 상대적인 것의 차이는 크기를 판단함으로써 매우 쉽게 설명된다. ‘크다’와 ‘작다’는 반대되는 것으로 생각될 수 있다. 어떤 것이 크면서 작을 수는 없다는 것은 쉽게 추정할 수 있다. 그러나 이것은 잘못된 것이다. 큰 생쥐는 작은 동물일 수 있다. 커다란 나무딸기 열매가 작은 과일일 수 있다. ‘크다’와 ‘작다’는 근본적으로 상대적인 판단으로, 말하자면 그것들이 한정하는 사물의 종류와 관계된 상대적인 판단이다. 목적과 수단 역시 마찬가지이다. 이것들은 상대적인 판단이다. 어떤 것이 한 물건에 대해서는 수단이 될 수 있고, 다른 것에 대해서는 목적이 될 수 있다. 내가 어떤 공장의 일자리를 택하는 것은 학비를 버는 목적에 대한 수단이 될 수 있다. 번 학비는 내가 수강료를 지불하는 수단이 되고, 그것이 이번에는 공학 학위를 따는 수단이 되며, 내가 학위를 따는 것은 전자공학 분야의 직업을 확보하려는 목적에 대한 수단이 되는 식으로 계속된다. 이 예에서(그리고 예들은 물론 언제까지라도 늘어날 수 있다) 각 단계는 보는 시각에 따라 수단**이자** 목적이다.

이 발언의 중요성은 무엇인가? 그것이 의미하는 바는 우리가 일정한 이득을 주는 그 고유의 유용성에 만족한 채 안심하고 있을 수는 없다는 것이다. 수단은 목적에 유용하지만 '수단'이 상대적인 말이라면 '유용하다'는 말 역시 그렇다. 유용하다는 것에 제한시켜 보면 이익에 대한 우리의 평가는 중요한 점에서 불완전할 것이다. 사실 너무나 불완전해서 쓸모 있는 효력을 발휘할 아무런 실재적 의미도 갖고 있지 않다고 생각할 수 있어 그것만을 고려하면 아무 가치도 없다. J. L. 스톡스는 한때 유명했던 〈목적의 한계〉라는 제목의 평론에서 이렇게 주장한다.

특정한 결과를 초래하는 일에 전적으로 집중하는 한 분명히 더 빨리, 또 더 쉽게 더 나은 것을 초래할 것이다. 당신 자신과 당신의 가족을 위한 충분한 식량을 확보하려는 당신의 결심은 당신을 설득하여 땅을 갈고 가축을 지키며 피곤한 날들을 보내게 할 것이다. 그러나 만약 자연이 식탁에 차릴 식량과 고기를 풍부하게 제공한다면 당신은 노동을 덜어 준 데 대해 자연에게 감사하고, 당신 자신이 훨씬 더 잘 산다고 생각할 것이다. 요컨대 달성된 목표는 달성에 소비한 시간과 에너지가 결과로서 일어나는 이점과 균형을 이룬 거래이며, 이상적인 경우는 전자는 영(零)에 근접하고 후자는 무한에 근접하는 경우이다. 그렇다면 목적은 그것이 요구하는 노력을 그 성과에 의해 다만 조건부로 정당화할 뿐이다.(스톡스, p.20)

스톡스의 요점은 기술에 직접 적용될 수 있다. 기술의 이점이 그 유용성에서 나오는 한 더욱 좋은 무엇이 그 자리를 대신할 때 그것은 그 가치를 상실하며, 우리가 이 경향의 사상을 따르면 이상적인 세계는 기술이 전혀 이롭지 않은 세계가 될 것이다. 우리가 그것을 이용할 필요가 없기 때문이다. 그렇다면 기술을 본질적으로 목적이 있는 것으로 간주하는 것은, 유용성은 그 자체로 또 그것만으로 가치가 있다고 생각하는 실수를 범하는 것이다. 그것은 그렇지 않다. '유용한 것'은 그것이 다른 무엇엔가 도움을 주는 한에서만 중요하다. 진정한 이익을 평가하는 것은 확실히 우리에게 수단에서 목적으로 이어지는 사슬을 뒤좇을 것을 요구한다. 그러나 이 평가의 사슬은 그것이 어딘가 목적에 이르러야만 비로소 답을 만들어 낸다. 찾아낸 목적은 어디에 있는가? 그 대답은 그것이 유용한 수단이 되는 목적의 **가치**로 환산해서 기술 혁신의 이점을 평가해야만 한다는 것이다.

요약하자면 포스트먼의 질문이 암시하고 베리의 시험이 주장하듯 기술 혁신에 대한 가치 평가적 평가는, 우리가 이미 가지고 있는 목적이 우리에게 주어진 새로운 수단에 의해 더 잘 달성되는지 결정하는 문제라고 생각하고 싶다. 그 문제에 관한 이 설명에 의하면 만약 기술 혁신이 우리가 지금 갖고 있는, 그리고 어쩌면 늘 갖고 있었던 문제들이나, 더 나아가서는 목적——되풀이되는 일반화할 수 있는 욕망이 우리에게 부과한 목적을 해결하지 않으면 기술 혁신은 (아무리 창의력에 넘치는 것일지라도) 여분에 해당될 것이다. 이에 대해 이제 우리는 첫째, 기술 혁신은 내가 제안했던 섬에서 적어도 부분적으로는 실험 및 발견의 과정이다. 둘째, 그것은 기존의 목적을 확대할 뿐만 아니라 그것에 대한 우리의 개념을 변화시킨다. 셋째, 이는 그것을 전적으로 새로운 목표와 의도를 급조해 낼 수 있는 개발 과정으로 만든다고 말할 수 있다. 어떤 새로운 기술의 가치를 평가하는 일은 수단에서 목적으로의 단순한 본보기가 암시하는 것보다 더 복잡함이 틀림없다. 우리가 수단과 목적이 명확히 구분되지 않고 다만 상대적으로 구분되는 네번째, 다섯번째 항목을 덧붙일 때 중요한 의미를 암시하게 된다. 기술을 평가하는 일이 유용성에 대해 생각하는 것으로 만족하고 멈출 수 있을 것이라고 생각하는 일은 잘못이다. 그것은 필연적으로 가치 있는 것에 대한 생각으로까지 나아간다.

비용 편익 분석

이 요약은 일찍이 언급된 잘 알려진 생각——기술 혁신은 비용과 편익 면에서 쉽게 평가될 수 있다는——에 특별한 빛을 더한다. 비용 편익 분석이라는 기본 사상은 아주 간단하다. 만약에 편익이 비용을 능가하면 우리는 순이익을 보는 사람들이며, 신기술을 채택해야 한다. 그렇지 않을 때면 우리는 손실을 보는 사람들로 그렇게 해서는 안 된다. 비용 편익 분석은 눈에 뜨이게 간단하지만 이런 방식으로 평가를 하기 위해서는 비용의 근거와 편익의 근거에 대해 명확히 해야 할 필요가 있다. 대부분의 경우 이것은 애초에 상상할지도 모르는 것보다 더 하기 어렵다. 첫째로는 관련 비용을 평가하지 못할 수 있다. 인터넷 같은 극적인 혁신은 아주 많고 아주 광범위한 영향력을 갖는다. 이것들은 극단적으로 예측하기, 따라서 평가하기 어렵다. 우리는 컴퓨터에 소비한 금액이 정확히 얼마인지 말하기는 어렵지만, 엄청나다는 것은 안다. 과연 네트워크 전략 컨설턴트인 재닛 힐랜드는 "어느 누구도 그것이 얼마나 비싼지 모를 것"(테너의 글, p.199에서 인용)이라고 생각한다. 지역적인 네트워킹과 국제적인 네트워킹 모두 다 아주 많은 효능을 가졌지만 이것들이 무엇인지는 정확하게 항목별로 세분하기 어렵다. 어려운 부분은 평가를 하려고 하는 시간의 척도를 결정하는 일이다. 그러나 시간적 · 지리적인 범위 모두에 있어서 연쇄적으로 효력을 미치는 둘레를 따라 선으로 그릴 수 있다고 하더라도 문제들은 마찬가지로 처리하기 어려울 것이다. 실제로 비용과 편익 둘의 총계를 계산하기란 흔히 불가능하다.

이것은 적어도 비용 편익적 접근법에 대한 우리의 열의를 진성시킬 중요한 사실이다. 사실에 입각한 질문보다 개념상의 질문이 철학적 시각에서 볼 때 훨씬 더 중요하다. 무엇을 편익에 포함시켜야 하는가? 비용 편익 분석의 전략은 투입과 산출에 대한 평가 가능성과 상응성 모두를 미리 예상한다. 다시 말해서 우리가 비용 및 편익을 평가할 수 있다는 것**뿐만 아니라** 그것들이 비교될 수 있다는 것도 가정한다. 비용 편익 분석에 관한 비교적 간단한 실례는 광고가 될 것이다. 추가 선전에 드는 금전적인 비용을 추가 판매한 것의 금전적인 가치가 능가하는가? 이 특별한 경우 여기에서조차 '이미지'에 미친 분명히 측정할 수는 없는 효과가 발휘되기 시작하지만, 평가 가능성과 상응성의 요건은 만족시키기 쉬운 듯하다. 그러나 어떤 회사는 선전에 얼마가 소비되었는지, 또 판매에서 얼마나 자금이 걷혔는지 알 수 있으며, 두 수치 모두 금전적으로 계산될 수 있다. 그러나 이같이 간단한 경우는 비교적 드물다. 대조를 위해서 우리가 해보려고 할지도 모르는 두 휴가를 비교하는 일을 살펴보라. 우리는 각각 비용이 얼마나 들지 아주 쉽게 알 수 있다. 그러나 어떻게 편익을 평가해야 할까? 또 그것이 돈이라는 상응하는 매개물에 의해 비교될 수 있을까? 이것은 훨씬 분명치 않다. 어떻게 바다와 태양의 편익이 사적지를 방문하는 즐거움에 비교된다는 말인가? 내가 이 휴가를 저 휴가보다 훨씬 더 즐겼다는 것을 알고 있다 하더라도 나는 여전히 더 차원 높은 즐거움의 **금선적** 가치를 잘 부여할 수 없을 것이며, 따라서 그것의 상대적인 비용과 그것의 추가 편익을 비교할 수 없을 것이다.

판매와 선전의 예는 요컨대 유용성이라는 생각을 불러일으킨다. 새로운 선전 매체가 같은 결과를 낳는데, 즉 판매를 증가시키는 데 있어서 수단으로서 좀더 **유용했는가**? 반면에 두번째 예는 다른 종류의 척도를 도입한다. 두번째 휴가는 첫번째 휴가보다 더 **가치**가 컸을까? 이것이 보여 주는 바는 비용 편익 분석은 그 간단함이 아무리 매력적이라 할지라도 유용한 것과 가치 있는 것 간의 차이, 곧 우리가 다른 이유를 강조한다고 본 차이를 적절히 처리하지 못한다. 우리가 가장 이해해야 할 필요가 있는 것은 비용과 편익을 대조하는 것이 아니라 바로 이 대조이다.

유용한 것과 가치 있는 것

유용한 것과 가치 있는 것을 구별하는 것은 철학적으로 대단히 중요하고 추가의 설명을 필요로 한다. 그것을 설명하는 한 가지 방법은 이렇다. 어떤 개인의 행동은 두 개의 큰 범주——일과 여가로 나뉠 수 있다. 이것과 혼동할 수 있는 (하지만 그래서는 안 되는) 다른 구별이 있다. 일과 여가의 구별은 예를 들어서 따분한 것과 즐거운 것의 구별이 아니다. 어떤 사람들에게는 그들의 일이 대단한 개인적 만족감을 주는 원인이 되고, 어떤 사람들에게는 여가 활동이 시시할 수 있다. 그것은 직업과 실직 간의 구별도 아니다. 엄청난 부를 상속받은, 직업을 갖고 있지 않는 사람은 수십억 재산을 계산하고 은행에서 더 많은 돈을 찾을 때 타당한 의미에서 일을 하고 있다. 마찬가지로 사회보장 제도의 수혜자인 실업자는 복지연금을 받으러 가서 줄을 설 때, 또는 관료 제도가 요구하는 양식을 쓸 때 같은 의미에서 일을 하고 있다. 그렇다면 일과 여가의 구별은 사실 생존에 필요한 행동과 보람 있는 삶을 살게 하는 행동을 구별한다.

우리는 이 구별을 유용한 행동(일)과 가치 있는 행동(여가)으로 표현할 수 있다. 물론 한 개인의 인생에서 주어진 어떤 행동이 유용한 동시에 가치 있을 수도 있지만(이것은 아마도 단순한 '직장'에 대립하는 것으로서의 '직업'이나 '천직'의 표시일 것이다) 우리는 언제나 어떤 행동(또는 물체)

이 유용한지——무엇을 **위한** 것인지 물어볼 수 있기 때문에 모든 가치 평가에 있어서 언제나 얼마간 그런 구별은 있을 것이 틀림없다. 그리고 우리는 언제나 이런 질문을 할 수 있기 때문에 그에 대답할, 그리고 바로 그 동일한 질문에 대해 공개되지 않은 다른 가치 평가적인 개념을 필요로 한다. 그렇지 않으면 우리는 언제나 불완전할 수밖에 없는 이익을 평가하려고 하는 식으로 퇴보하기 시작할 것이다. 평가 작업을 완성시키는 이 진전된 개념이 우리가 '가치 있는 것'이라고 부를 수 있는 것이다. 요컨대 모든 인간의 삶은 삶을 유지하는 데 그 목적이 있는 행동과 물체(유용한 것)를 포함하는 한편, 삶을 유지시킬 만한 가치가 있는 것으로 만드는 데 그 목적이 있는 다른 것들(가치 있는 것들) 역시 포함할 것이 틀림없다.

유용한 것들이 갖는 유용성은 어느 의미에서 평가하기 쉽다. 그것은 오로지 인과 관계에 의한 효율성에 달려 있기 때문이다. 더 낫다고 하는 수단은 욕망하는 목적을 정말 가장 신속하고 가장 비용 효과가 높은 방법으로 가져다 주는가? 만약 그렇다면 그것은 유용하다. 그러나 가치 있는 것들의 가치는 어떠한가? 무엇이 이것을 결정하는가? 우리가 사용하고 있는 '욕망하는 목적'이라는 표현 속에 대답이 암시되어 있다. 즉 그 가치는 욕망의 만족에 있다. 욕망의 충족에 의해 가치를 설명하는 것은 아주 유서 깊다고 할 수는 없지만 철학적으로 오랜 역사를 갖고 있다. 가장 잘 알려진 대표적인 인물이 데이비드 흄으로, 이에 대해 검토하기 위해서는 "이성은 열정의 노예이며, 또 오직 열정의 노예여야만 한다"는 앞에서 인용했던 유명 문구로 되돌아갈 필요가 있다.

최근의 기술에서 끌어온 예에 의해 이 문구가 암시하는 바를 쉬이 분명히 할 수 있다. 컴퓨터는 전화 요금 청구서를 항목별로 나누는 것을 가능하게 했다. 이것이 가능**해지기** 전에는 아무도 그것이 없다는 것을 느끼지 않았음을 인정하자. 이제 항목별 분류가 가능하므로 사람들은 그것을 바랄 수 있고 또 바라며, 따라서 그렇게 하지 않는 전화망보다 그렇게 하는 쪽을 선호하는 경향이 있다. 그러나 항목별로 분류된 청구서가 **가치**의 증대를 의미한다고, 어떻게든 우리의 삶을 비옥하게 한다고 (비록 조심스럽게나마) 결론내리려면 정확히 어느 점에서 가치가 추가되었는지를 질문해 봐야 한다. 욕망을 충족시키는 데 있어서인가? 그렇다는 주장은 호기심을 끄는 암시——즉 인간은 노리개이지 기술 혁신의 대가가 아니라는 암시를 한다. 다시 말해서 그들 자신이 선택하거나 그들의 지시 아래에 있는 것이 아닌 욕망의 명령에 **복종**한다. 따라서 항목별로 나뉜 요금 청구서의 예에서, 상황인즉 우리는 단순히 이 새로운 발명품을 건네받고 우리 안에서 그것에 대한 욕망을 일깨웠음을 발견하거나 발견하지 않는다는 것이다. 만약에 우리가 발견한다면 그것은 가치가 있고, 발견하지 않는다면 가치가 없다. 그 상황에서 반성적 지성의 중재, 곧 "이 새로운 발명품은 욕망할 **가치가** 있는가?" 하는 식의 의문을 제기하는 것은 배제한다.

이것은 아주 환영할 암시는 아니지만 이성은 열정의 노예이며, 또 오직 열정의 노예여야만 한다는 견해와 관련해 필요한 추론이다. 그러므로 그것을 거부하는 것은 우리가 흄의 말을 거부(또는 적어도 진지하게 탐구)하고, 가치 있는 것(유용한 것과 대립하는 것으로서의)의 기준이 욕망의 만족에 의해 충분히 설명된다는 것을 인정하지 않아야 함을 암시한다.

그러나 지금 시대에 이 문제를 생각함에 있어서 흄주의자들의 장악력은 매우 강해서 그것을 달리 말하기란 흔히 매우 어려워 보인다. 《미래로 가는 길》에서 빌 게이츠는 미답의 영역에 대한 믿을 만한 지도는 결코 없는 것이라고 말한다. 그러나 정보의 고속도로는 진정 미답의 영역인가? 그것이 전화나 팩스 · 편지 · 도서관을 능가하는 이점을 진술하기란 상당히 용이하다. 이 중 대부분은 접근성, 속도, 기억된 정보량 등과 관계된다. 그러나 만약 이것이 말해야 할 모든 것이라면 인터넷은 가치의 새로운 원천을 만들어 내는 것이 아니라 단지 그 가치가 이미 확립된 것들을 행하는 유용한 새 방법이 될 것이다. 인터넷이 도입하는 새로운 가능성들은 무엇이고, 만약 그것들이 정말 새로운 편익이라면 그 가치는 어떻게 평가되어야 할까? 서두 부분에서 말했듯이 여기에서 결정적으로 중요한 문제는 게이츠가 하려고 시도중인 이 새로운 가능성들을 **예상**하는 것이 아니라 그것들의 혁신적 성격을 평가할 수 있는 어떤 관념적 구조를 적소에 배치하는 것이다. 그리고 요점은 우리는 기술의 사용자와 소비자들을 수동적인 희생물로 만들지 않는 이 평가의 기초가 되는 가치의 원천에 대해 사고하고자 한다는 것이다.

그러한 이유로 욕망의 충족에 관해 좀더 이야기되어야 할 필요가 있다. 이와 관련이 있는 상당히 중요한 오래된 대조가 있다. 흄의 논점은 사물이 가치가 있는 것은 우리가 원하기 때문이라는 것이다. 그리고 대안이 되는 논점은 가치가 있다면, 그리고 오직 가치만 있다면 사물을 원하는 것이 합당하다는 것이다. 첫번째 것을 믿는 것은 가치에 관한 **주관적**인 설명——가치 있는 것은 우리의 욕망에 의해 **만들어진다**——에 동의를 표하는 일이다. 두번째 것을 믿는 것은 가치에 관한 **객관적**인 설명——합리적으로 탐나는 것은 진정으로 가치 있는 것에 근거해야 한다——에 동의를 표하는 일이다.

나 자신의 성향은 객관적인 해석으로 기운다. 이것은 분명히 사람들이 유해하고 무익한 것들을 진심으로 원할 수 있을 듯하고, 또 그런 욕망을 갖는다는 사실 그 자체가 어떠한 가치를 부여하는 것 같지는 않기 때문이다. 다시 말해서 유해하거나 하찮은 것을 원하는 것이 그것을 조금도 덜 유해하거나 하찮게 하지 않는다. 예를 들어서 마약 중독자들은 확실히 마약을 원한다. 이것은 그들에게 좋을 것이 없다. 검표원은 버스표를 원한다. 이것 **그 자체는** 그들에게 아무런 본질적인 흥미도 주지 않는다. 이것은 흄과는 **반대로**, 욕망하는 심리 상태는 (객관적인 의미에서) 탐내는 것을 **탐지**할 수 있거나 그렇게 하는 데 실패할 수 있다는 것을 암시한다.

흄에 대한 이 대안이 참이라고 가정하자. 그렇다면 객관적으로 탐낼 만한 것, 진정으로 훌륭한 것을 나타내는 표시는 무엇인가? 금세기의 대부분의 사람들이 보기에 유행에 뒤떨어진 사고 방식으로 되돌아감으로써──진보에 호소함으로써 한 가지 가능한 대답이 나올 수 있다. 최근에는 기술적인 진보가 더욱 두드러지고 아마도 이전의 그 어느 세기보다 더 광범위한 영향을 미침을 부정하는 사람이 거의 없다. (과연 누가 그럴 수 있겠는가?) 그러나 다만 기술적 진보가 더욱 넓은 의미에서의 개선을 충분히 보증하는 것은 아니다. 예를 들어서 아말라이트 소총은 활과 화살이 진보한 것인가? 우리가 그렇다고 말하기를 망설일지도 모르는 이유는 그것이 같은 목적──적의 사살──을 훨씬 더 능률적으로 달성할지라도, 둘 다 필요 없으면 우리는 훨씬 더 잘 살 것이라고 생각하는 데 있다. 살인은 나쁘며, 살인을 더 잘하는 방법이 비록 수단상으로는 더 나을지라도 살인 자체를 조금이라도 더 낫게 만들지는 않는다. 내가 말하고자 하는 논지를 충분히 입증하기 위해 이 의견이 제기하는 많은 문제점들을 적절한 토론에 부칠 필요는 없다. 우리는 좀더 좁거나 좀더 넓은 관점에서 무기를 평가하는 일에 착수할 수 있다. 효율성이라는 좁은 관점에서 보면 진전이 있었다. 국제 관계와 인간복지라는 더 큰 관점에서 보면 이것은 훨씬 불분명하다. 그러나 좀더 넓은 관점은 현대 기술의 이 중요한 부분을 적절히 평가하는 일과 분명히 관련된다. 이 관점에 대한 해석은 중요한 철학적 작업, 곧 어림잡아 볼 때 좀더 훌륭한 세계 질서의 특징들을 기술하는 것이다. (내 책《과거의 형상》을 읽어보면 그 주제에 대해 충분히 검토했음을 발견할 것이다. 그 책은 참고 서적 목록에 들어 있다.) 분명히 이에 관해서는 더 많이 이야기되어야 할 필요가 있지만 당분간은 내가 지극히 추상적으로 마음속에 품고 있는 생각을 진술하는 것으로 충분하다. 더 좋은 무기는 수단으로서는 더 좋다. 그러나 그것이 오직 더 좋은 세상의 일부를 형성하는 한에서만 간단히 말해서 '더 좋다.' 인터넷 역시 마찬가지이다. 그것이 약속하는 개선이 더 좋은 세상을 만들어야만 개선이다.

어떤 점에서 더 낫다는 것인가? 그리고 말하는 사람이 누구인가와 같은 아주 중요한 몇몇 질문에 대답하지 않으면 이런 식으로 명백히 규정된 논점은 공허하고, 심지어는 진부하게까지 들린다. 그렇지만 그 추상 개념에도 불구하고 그런 결론은 중요하고 흥미로운 것들을 암시한다. 파우스트를 다시 상기하면, 적어도 그 이야기의 몇몇 판본에서 파우스트는 그의 영혼을 주는 대신 무한한 부와 권력을 얻는다. 이는 그가 사물의 궁극적인 가치에 대해 좀더 폭넓은 판단을 하려는 주장을 포기할 필요가 있음을 의미하는 것으로 해석해도 될 것이다. 파우스트는 순전히 세속적인 욕망의 성취에만 국한된다. 당신은 성공과 권력을 원하고, 대가를 지불하면 당신은 그것을 가질 수 있다. 하지만 그 욕망들의 진정한 가치에 대해서는 묻지 않는다. 따라서 파우스트식의 거래를 올바르게 평가하려면 우리가 현재 느끼는 욕망들에 대한 시각과는 다른 시각을 필요로 한다. 이 시각은 광범위한 문화 및 도덕적 구조에서 본 시각이다. 이에 관해서 파우스트의 신화는 프로메테우스의 신화와 대조될 것이다. 이 역시 여러 가지 판본이 있지만 《묶인 프로메테우스》에서 그는 기술과 지식의 추구를 고취하는 사람, 제우스를 상관치 않고 인간에게 불을 가져다 준 타이탄족으로 묘사된다. 프로메테우스가 의미하는 자연에 대한 지배는 파우스트의 경우와는 달리 인간의 욕망을 달성하는 것에 국한되는 것이 아니라 신들이 자기들 특유의 것으로 경계하며 지키려고 하는 더 넓은 깨달음을 얻기 위해 분투하는 것이다. 이런 시각을 획득하는 것은 아주 대단한 일이며, 그 완전한 규모는 위압적이다. 이것이 프로메테우스가 19세기 후반 판본에서 낭만주의적 영웅주의의 우상이 된 이유이다. 그러나 그 일이 어렵다고 해서 그것을 불가능한 것으로 생각하게 해서는 안 된다. 사실 그것을 조금 진행시켜 보는 것은 그다지 어렵지 않다.

도덕적 자유와 정치적 중립성

 가치 있는 면과 그렇지 않은 면에 대한 객관적인 개념을 설명하고 옹호하는 일의 어려움 중에서도 주된 난점은 20세기 서구의 특징적인 저항인, 도덕의 면제에 대한 거부 반응과 정치적 전체주의에 대한 공포에서 비롯하는 저항이다. 아주 이전 시대에는 절대적인 옳고 그름을 믿는 사람들이 있었으며, 현대에도 여러 곳에 그런 사람들이 있다. 그런 사람들은 한편으로는 이런 절대적인 것을 지키기 위해 살인과 압제를 할 준비가 되어 있고, 또 다른 한편으로는 그것을 위해 순교자와 영웅으로 죽을 준비가 되어 있다. 결코 증명할 수는 없지만 이런 유의 절대주의가 유럽에서의 극악무도한 종교 전쟁, 극복하기 위해 미국 건국을 계획하게 된 전쟁(내가 보기에는 역사적으로 훨씬 더 의심스러운 논점)의 원인이었다고 주장할 수 있다. 이에 대한 진실이 무엇이건간에 현대의 정치적 견해가 관용 사상의 영향을 크게 받았음은 거의 의심의 여지가 없다. 그 결과 현대의 지배적인 정치철학──자유주의의 민주주의 이론──은 일정한 중립성을 향유하는 기본적인 가치에 근거하려고 노력해 왔다.

 이 중립성에 대한 요구는 중요한 두 논점에 기초한다. 첫째 생각건대 '더 높은' 도덕적 또는 종교적 목적을 위해 살인하고 박해하는 것은 막기가 어렵다는 믿음이 있다. 그렇다는 데 동의하기로 하자. 그러나 그렇다고 하더라도 우리의 동의는 반드시 가치에 대해 객관적으로 이해하는 것을 전제로 하고, 따라서 그것을 부정하지 않는다는 가정에 기초를 두고 있음을 주목하는 것이 중요하다. 사실 문화에 속박당한 종교적·도덕적 규약이라는 명목하에서 이루어지는 살인이나 박해는 더 한층 중요한 가치──다른 사람의 생명·자유·복지──를 침해한다. 이것은 사실일지도 모른다. 내 입장에서는 그에 대해 논할 생각이 없다. 그러나 사실이건 아니건

간에 그것은 그것이 제거하려고 하는 가치들에 못지않게 객관적인 일련의 가치들을 불러일으킨다——자신들의 종교 때문에 다른 사람들을 죽이는 것은 잘못이다. '비교해서 말해' 잘못이 아니라 **어떠한 예외도 없이** 잘못이다.

그러나 **어떠한 예외도 없다**는 것은 '절대적으로'와 같은 것이 아니다. 절대적인 가치는 내가 조건이나 예외가 없는 가치로 받아들이는 것, 동일 단위로 계량할 수 없는 가치, 결코 타협할 수 없는 가치이다. 그래서 그런 예외 없는 가치들이란 없다는 것, 다시 말해서 우발적인 상황에 따라 다른 것들에 거슬러 교환될 수 없는 가치란 없는 한편, 동시에 이런 종류의 교환을 양자간의 객관적으로 정당한 거래로 해석한다는 주장은 전혀 모순되지 않는다. 사실 그것을 다른 식으로 해석하기는 어렵다. 거래의 필요가 선택 및 욕망과 무관한 가치를 **암시**하기 때문이다. 이것은 엄격히 사적인 이득에 있어서조차 해당된다. 예를 들어서 이것이 재미라는 객관적인 이점과, 부상을 피하는 일이라는 객관적인 이점을 문제삼지 않은 채 제기된 행글라이딩의 재미와 신체적 부상에 대한 위험을 주장하기 때문에 나는 불만스럽지만 거래를 받아들일지도 모른다. '올바른 균형 유지'라는 생각을 이해하는 것은 사실 바로 이것뿐이다. 객관성과 절대성은 일반적으로 혼합되어 있기는 하지만 같지는 않다는 결론이 된다.

중립성에 대한 현대의 개념의 두번째 기초는 내가 이미 주목했듯이 관용의 가치에 대한 강한 신념에 놓여 있다. 그러나 다시 한 번 더 관용의 중요성을 강조하는 것이 가치의 객관적 개념에 영향을 미치지는 않는다. 오히려 그것을 전제로 한다. 가치에 대한 주관주의와 사회적 차이에 대한 관용은 흔히 병행하는 것으로 생각되지만, 정확히 말하면 내가 진정으로 틀렸거나 나쁘다고 믿는 것을 너그럽게 보아 줄 것을 요구받고 있을 뿐이다. 내가 **그저** 다르다는 것에 대해——예를 들면 기호에 대해 너그럽게 보아 줄 필요는 없다. 당신이 음식점 메뉴에서 나와 다른 것을 선택했다고 해서 내가 당신의 선택을 '너그럽게 보아 줄' 것을 요구받지는 않는다. 내가 그들의 잘못된 믿음과 그릇된 행동을 너그럽게 보아 줌으로써 그들의 자유를 존중해 줄 것을 요구받는 것은, 오직 누군가 다른 사람이 자유롭게 선택한 결정이 다를 뿐만 아니라 **잘못된** 것일 때이다. 그렇다면 관용은 상대주의나 주관주의가 아니라 자유의 객관적 가치에 대한 공약의 부산물이다.

이것이 옳다면 절실한 욕망을 초월하는 가치들(자유가 그 하나)이 있을 것이다. 관용은 따라서 그 자체는 절실한 욕망이 아닌 더 높은 가치의 이름으로 다른 사람들을 저지하거나 방해하려는 욕망을 억제하는 것을 의미한다. 그같은 결론은 초월적 가치의 영원한 신전에서 도움이 되는 혁신적인 수단의 이점을 찾아내야 한다는 흄의 경구와 논점을 모두 거부하는 것을 지지한다. 여기에서 '초월적'이란 말은 '내세'를 의미하는 것이 아니라(가치의 궁극적인 원천은 일상적인 인간 경험의 영역을 넘어서야 한다고 생각하는 경우도 있을 수 있지만) 앞서 설명한 의미에서 프로메테우스적이라는 의미이다. 당면 목적을 위해서는 모든 형태의 인간의 의사소통 및 상호 관계에 반드시 있는, 따라서 우리 자신이 갖고 있음을 발견하는 욕망들을 넘어서고 규제하는 가치들을 의미한다고만 받아들일 필요가 있다.

다툼을 피하려는 관점에서 볼 때 이것은 환영받는 결론이다. 그와는 달리 일반적인 의견에도 불구하고 절실한 욕망에 궁극적으로 뿌리박은 것으로 이해하는 가치는 정중한 협상과 타협의 여지를 만드는 것이 아니라 실제는 **오로지** 갈등——당신의 욕망에 반하는 나의 욕망——만이 있을 수 있음을 암시하는 것이다. 대조적으로 만약에 객관적인 가치가 있다면 그것이 무엇인지 발견하고, 의견 상위를 **해결**하기를 서로 바랄 수 있을 것이다. 이것은 많은 사람들이 설득력 없는 것이라고 생각하는 가능성이다. 가장 중요한 다음 질문을 대답하지 않은 채 남겨두기 때문이다. 이 가치들이 무엇인지 우리가 어떻게 알며, 또 누가 이 가치들이 무엇인지 말할 것인가?

이 질문에 대해 대답을 시도하는 도덕 및 정치철학——금세기 후반을 지배하는 '중립주의자'의 정치철학이 신봉하는 경향이 있는——의 오랜 전통이 있다. 그것은 세간에 널리 알려진 '계약주의'라는 이름으로 통한다. 그 배후의 사상은 사회·도덕적 관계를 지배함에 틀림없는 궁극적인 가치들은, 말하자면 개인적 선호와 개별적 이해가 마멸된 합리적 작인들에 의해 합의될 가치들이라는 것이다. 이것은 금세기의 대단히 영향력 있는 정치철학자, 존 롤스의 저술에서 작용하는 개념이다. 롤스는 연이은 책과 논문에서 정치·사회적 삶의 근본 구조를 구축할 가치들은, 여러 가지 점에서 심한 의견 차이를 보이는 개인 집단들간에 '부분적으로 일치하는 합의'라고 그가 이름지은 것을 의미함을 깨달을 수 있는 것들이라는 논제를 길고 상세하게 설명했다.

사회적 도덕성에 관한 롤스의 개념에 대해 방대한 양의 글이 집필되었으며, 여기에서 그것을 상세히 검토하는 것은 취지도 의도도 아니다. 현재의 목적에는 롤스식 전략의 하나에 주목하는 것으로 충분하다. 이것은 서로 맞서는 시각간에 논쟁을 통해 일치하는 합의점을 드러내는 것이다. 이 전략을 실현함에 있어서 한 가지 어려운 점은 롤스에게 있어서 의견의 교환이 가상의 심의자들 사이에서 일어나는 것인지, 또는 실제 심의자들 사이의 것인지 불분명하다는 것이다. 만약에 그것이 첫번째 경우라면 어떻게 그런 **가상의** 심의가 **실제** 합의점을 드러낼 수 있는지 의문이 생긴다. 만약에 그것이 두번째 경우라면, 즉 **중요한** 깃은 **실제** 합의점이라면 철학책의 책장 안에서는 실제의 정치적 심의가 일어나지 않지만 공개 토론회에서는 실제로 일어날 것이 틀림없다는 명백한 반론이 있다. 철학이 보여줄 수 있는 최대한의 것은 사람들이 무엇에 의견의 일치를 보아야 하는가이다. 철학이 사람들이 이렇게 의견의 일치를 보았음을 보여 줄 수는 없다.

그렇다면 규범적인 종류의 정치 이론은 어떤 점에서 정치적 실천에 양보해야만 한다. 이 사실은 민주적 절차의 실체로 우리의 관심을 돌린다. 민주적 절차는 진정한 합의가 나올 수 있도록 적어도 부분적으로나마 토의를 실현하는가? 기껏 우리가 말할 수 있는 것은 지금까지로서는 아주 불완전한 형태로나마 그렇게 한다는 것이다. 가장 잘 질서잡힌 사회에서조차 민주적 절차라 해서 사실 모든 의견이 자유롭게, 또 동등한 표현 기회를 갖는 것이 아님을 우리는 알고 있다. 게다가 실상 민주주의는 부와 권력이 선거 결과에 영향을 미치고, 또 때에 따라서는 그 결과를 좌우하는 데 사용될 수 있는 체제이다.

인터넷에서 가장 중요하고 야심적인 주장의 하나가 이루어질 수 있는 것은 바로 합의와 민주주의에 대한 이와 같은 배면에 깔린 신념의 강인함에 있다. 예를 들면 인터넷이 갖는 공개적이고 상호 작용적인 성격이 우리에게 생전 처음으로 진정한 민주주의(그러므로 진정한 합의)를 가능하게 하는 수단을 제공한다고 주장되곤 한다. 과연 그런가? 그리고 만약에 그렇다면 이는 환영할 일인가? 이것이 다음장에서 이야기될 두 문제이다. 그러나 이 장의 주제의 중요성을 판단하기 위해서는 지금까지의 논의를 요약해 보는 것이 도움이 될 것이다.

우리는 기술 혁신이 어디로 인도할 것인지를 정확히 알기에 앞서 기술 혁신의 가치를 어떻게 평가할 것인가 하는 질문으로 시작했다. 처음에 심사숙고한 제안은 그런 혁신이 무슨 문제 또는 문제들을 해결해 줄 것으로 기대할 수 있는지 질문해 봐야 한다는 것이었다. 하지만 조사해 보니 이 아주 자연스러운 질문은 중요하게 제한되어 있음이 드러난다. 그것은 우리가 해결하려고 노력하는 문제들이 그것들을 해결하는 데 이용할 수 있는 수단과 무관함을 가정한다. 이미 봤듯이 이것은 잘못된 것이다. 포스트먼의 '시험 질문'은 더 나아가서, '문제가 되는 것'은 문제로 느껴지는 것에 의해 주관적으로 만들어진다고 가정한다. 이것 역시 잘못된 것이다.

그러나 그것은 현재로서는 좀더 중요하게 기술의 중요성은 방편——유용성——의 문제임을 암시한다. 더 나아가 심사숙고하여 분석한 결과 그와는 반대로 '유용성'은 본질적으로 미완의 가치 개념이라는 것, 그리고 그것은 실질적인 이득을 만들어 내는 것을 보여 주어야 한다는 점에서 최종 목적인 가치와의 더 나아간 관계를 요구한다는 것을 보여 준다. 그런 가치는 흔히 인간의 욕망으로부터 직접 생겨나는 것으로 추론될지라도 객관적으로 더 잘 해석된다. 다시 말해서 절박한 욕망이라는 좀더 즉각적인 목적을 두드러지게 하고 만들어 내는 것으로 해석된다. 가치의 발견과 실현은 필수 불가결한, 그리고 더욱 광범위한 상황——진정으로 유용한 기술이 더 나은 수단이 되는 더 나은 세상이라는 상황을 창조한다.

이 가치들은 어떤 것인가? 동시대의 (좀더 넓게는 사회 사상에 있어서는 물론이고) 도덕 및 정치 철학에서 광범위하게 조사된 이 질문에 대한 하나의 대답은, 그것들은 널리 퍼진 사회적 심의와 토론 과정을 거친 후 동의 또는 합의를 볼 가치들이라는 것이다. 그러한 심의는 현대 세계라는 복합 사회를 만드는 데 힘이 되는 여러 가지 서로 다른 목소리를 대화에, 곧 공통의 동기를 드러내고 공통의 실천 사항들을 안출하는 데 도움이 되는 대화에 끌어들인다. 이 심의를 잘 꾸려 나가려면 어떻게 해야 하나? 이 뒤이은 질문에 대한 또 다른 대답 역시 마찬가지로 익히 알고 있다. 그것은 민주적 절차를 통해 완수되어야 한다. 이것은 민주 사회 및 정치 형태로의 진보와 (명백히) 보편적인 염원에 대한 하나의 설명이다. 그러나 오늘에 이르기까지 민수적 제도들은 불완전하게 작용해 왔을 뿐이며, 부와 권력의 불평등한 분배의 왜곡된 영향을 받기 쉬웠다. 인터넷의 기술 혁신이 이것을 의미심장하게 바꿔 놓을 수 있을까? 만약 그렇다면 우리는 (얼마간 우회해서) 인터넷 기술에 응용될 수 있는 이 장의 주제에 대한 해답에 도착했다. 만약 기술이 더 나은 세상을 기대하게 해 준다면 그것은 진정 가치 있는 것이다. 더욱 민주적인 세상은 더욱 살기 좋은 세상이 될 것이다. 이제 처음으로 우리는 이런 개선을 가져올 수단——인터넷——을 갖는다.

이 마지막 두 주장——더욱 민주적인 세상이 더욱 살기 좋은 세상이라는 것과 인터넷이 이 일을 해낼 수 있을 것이라는 것——이 갖는 설득력이 다음장의 출발점이 된다.

4

인터넷은 민주주의이다

　유래없는 속도로 인터넷이 쓰이고 대중에게 받아들여지고 있는 사이 우리는 아직도 그 발전의 변두리에만 머물러 있다. 인터넷으로 해서 마음에 품게 될지도 모르는, 또 어떤 방면에서는 실제로 마음에 품은 꿈 중에는 인간 역사상 이제껏 도모한 그 어떤 것보다 훨씬 더 표현과 민주적 통제에서 자유로운 세계에 대한 꿈이 있다. 기술적인 관점에서 볼 때 이 예상이 얼마나 그럴듯하든간에 그 꿈의 **매력**은 미래가 갖게 될 것이 무엇인지 정확히 알기에 앞서 우리가 어느 정도 앞으로 나아갈 수 있게 하는 두 가지 질문을 하게 한다. 민주주의는 좋은 것인가? 우리가 인터넷에 관해 아는 것이 인터넷을 아는 것이, 민주주의를 이해하는 방식이라고 생각할 충분한 이유를 제시하는가? 현 시대의 민주주의의 전제 조건은 아주 강력해 사람들에게 비판적 연구의 참뜻을 납득시키는 데 어려움이 있다. 이런 이유로 비록 그것이 민주주의 이론에 있어서의 몇 가지 근본적인 문제점들을 이야기하려고 하는 당면한 목적에 지극히 중요할지라도 나는 두번째 쟁점인 인터넷의 민주적 성격으로 이야기를 시작하려고 한다.

직접 민주주의 대 대의 민주주의

　인터넷이 강력한 민주적 도구가 될 수 있을지도 모른다는 생각으로 이끈 것은 인터넷의 무엇인가? 오늘날 '공개 토론회' 라는 단어는 대개 비유적인 의미를 갖는다. 하지만 그 말의 어원은 '장터'라는 라틴어로, 로마 시민들이 공공의 관심사를 논하기 위해 모인 물리적인 장소이다. 고대 로마는 민주국이 아니었지만, 글자 그대로 정치적인 '공개 토론회'가 존재하여 당시의 고대 그리스 도시국가들에 바로 적용시킬 수 있다. 그 중에서 물론 가장 유명한 아테네 시민들 역시 한 장소에 모여 논쟁하고 토의할 뿐만 아니라 결정을 내리는 일에도 평등하게 공동으로 참여했다. 아테네의 민주주의는 낭만적으로 묘사되어 왔다. (종종 주목되듯이) 이 민주주의 형태는 이들 도시국가들이 소규모의 자치 도시였으며, 사실 그 중에서도 인구의 많은 부분——특히 여자와 노예들은——은 그 과정에서 제외되었다는 사실에 의해서만 가능했기 때문이다. 국가가 훨씬 더 커진 상황에서, 또 보통 선거에 거의 근접한 선거가 출현하면서 글자 그대로의 정치적 공개 토론회에 대한 생각은 포기해야 하고, 오늘날에는 대체로 그 표현을 비유적으로 사용한다. 아주 솔직히 말해서 현대 국가에서는 심지어 비교적 소규모의 유권자들이라도 모이기에 족할 만한 공간이 없다.

그런 까닭에 확대된 선거민들로 해서 고대 민주주의의 이상으로 생각될지도 모를 것에 중요한 제한을 둘 수밖에 없게 한다. 오늘날, 그리고 아주 오랫동안 민주적 정부 조직은 현실적으로 대의적일 수밖에 없다. 대의 민주주의의 가장 잘 알려진 초기 사례는 서기 930년에 확립된 아이슬란드의 의회(Althing)이다. 그것은 민중 집회가 아니라 자신이 대표하는 집단을 대신해서 이야기하고 투표하는 48인의 추장들의 집회로 되어 있다. 확실히 이것은 법과 이 법을 적용하는 사람들간에 상당히 밀접한 관계를 유지하는 제도(한 가지는 추장들이 지지자들을 동반하는)였지만, 이 본보기조차 아주 소규모의 사회가 아니면 실행이 불가능하다. 인구의 팽창은 불가피하게 시민들의 거대한 과반수가 글자 그대로 정책 결정을 위한 공개 토론에서 배제되는 상황을 가져왔다. 결국 그들이 그 과정에서 참여할 수 있는 유일한 부분은 거기에서 그들을 대표할 사람들을 규정하고 선택하는 것이다. 그리고 이것이 현대의 모습이다.

직접 및 대의 민주주의, 그리고 그것이 민주주의의 이상을 위해 하고자 하는 것 간의 차이는 대단히 많은 토의의 주제가 되어 왔다. 대의원들은 그들을 뽑은 사람들이 바라는 대로 선거하는 것이 의무인, 단순한 대리인으로 간주되어야 하는가? 또는 그들의 선거구민의 이익을 염두에 두어야 할지라도 그 시대의 정치적인 문제들에 대해 그들만의 판단을 내리기로 되어 있는, 이른바 대의원의 지위에 좀더 적절히 맞춰야 할까? 만약에 우리가 첫번째 생각을 따르면 곧 실제적인 어려움이 발생한다. 첫째, 어떤 실제 선거구에서건 같은 대의원에게 찬성 투표했을지라도 사람들간에 특정한 문제점들에 대한 의견 차가 있을 것이다. 당선된 사람이 어떤 식으로 선거할지가 분명한 단일 쟁점에 대한 입후보자라는 드문 경우에서조차도, 대리인이라는 개념은 유권자들 중에서 다른 쪽에 투표한 사람들을 추후의 토론에서 사실상 배제한다. 둘째, 정치는 어떤 경우든 언제나 사전에 예상될 수 있는 것이 아니다. 대리인은 선거 후에 발생한 정치적인 문제들에 대해서 어떻게 해야 하는가? 예상하지 않고 예상할 수 없는 사건들에 정치 생명이 크게 좌우된다면 대리인으로 선출된 대표자라는 개념은 의사 결정자를 무력화시키거나(그들의 선거민들로부터의 지시가 없으므로) 아주 많은 정치적 문제들을 선거민의 영향권에서 벗어나게 한다.

그와 같은 사정이 대부분의 민주주의 이론가들로 하여금 그들이 대표하는 사람들에 의해 그다지 많은 권한을 위양받지 않은, 그들 대신 정사를 집행하는 책임이 지워진 자율적인 정치적 대리인들로서 선출된 대표자라는 개념을 선호하는 쪽으로 기울게 해왔다. 이 두번째 개념에도 그러나 그것만의 문제들이 있다. 만약 대표자들이 최선의 행동이나 정책이 무엇인지 혼자서 자유롭게 결정할 수 있다면 그들이 그들의 선거민들의 바람과 선호에서, 선거 당시의 문제들에 대한 선호가 아니라 새로이 발생한 문제들에 대한 그들의 바람에서 이탈할 가능성이 분명 항존한다. 이 경우에 비록 민주주의의 이상──국민을 위한 정부──중 어떤 것이 남아 있다고 말할 수 있을지라도 좀더 중요한 부분──즉 국민에 **의한** 정부──은 일시 정지된다.

이 검토 사항의 전반적인 결론은 따라서 이렇게 보일 것이다. 실제적인 현실은 우리로 하여금 직접 민주주의보다는 대표자의 필요성을 받아들일 것을 요구한다. 그러나 일단 우리가 그렇게 하면 우리는 재미없는 진퇴양난에 직면한다. 우리는 선출된 대표자들을 단지 자기만의 어떤 생각도 없이 한 표를 던지고(미국 대통령 선출 선거인단의 대표자들이 스스로를 발견하는 입장) 새로운 우발적 사태에 직면하면 정치적으로 무력한 하찮은 사람으로 취급하거나, 국민들로부터 국민들의 대표자들에게로 권력을 효과적으로 양도하는 방식으로 그들에게 권한을 주어야만 한다.

비록 나 자신은 이것들이 근본적인 문제에 있어 별반 다를 것이 없다고 생각하지만 물론 두 개념 모두에 대한, 그리고 두 개념 모두를 대신하는 섬세한 구별과 반응이 있다. 좀더 실제적으로 둘 다 옹호하여 민주주의에서의 일반 시민의 입장이 너무 편협하게 기술되었기 때문에 딜레마가 발생하는 것일 뿐이라고 말할 수 있다. 유권자들이 의회 또는 국회의 토론에 참여할 수 없다는 사실은, 선거와 선거 사이에는 유권자들이 정치적 절차에서 완전히 배제됨을 암시하는 것으로 간주된다. 신문과 텔레비전, 정치집회와 대표자들과의 직접적인 접촉을 통해서 유권자들은 그들이 선출한 대표자들을 좀더 충분한 의미에서 대리인으로 생각하든 대표자로 생각하든 간에, 자신들의 신념과 선호를 그들의 토론에 집어넣을 수단이자 기회로 삼는다. 선거와 선거 사이에 국민의 목소리는 침묵할 필요도 없고, 또하지도 않는다. 이것은 단지 자유로이 견해를 표현하는 국민의 문제가 아니다. 민주주의를 실천하는 와중에 선거 사이에 표현된 견해들이 입법부 의원들의 토의에도, 선거에도 영향을 미침은 분명하다. 다시 말해서 일반 시민이 대의 민주주의에 참여하는 것은 선거 때에 한해서라는 주장은 실제 경험과 어긋난다. 국민에 의한 정부는 부분적으로 선거와 선거 사이에도 계속될 수 있다.

이제 이것들은 동시대의 정치에 관한 중요한 사실인 한편 역사적인 위업의 산물임을 관찰할 가치가 있다. 대리인 대 대표자의 토론에 관한 권위 있는 논문에 에드먼드 버크의 유명한 《브리스틀의 유권자들에게 보내는 편지》(1785)가 있다. 버크가 집필할 당시의 정치 활동 상태, 그러니까 민주주의의 상태는 지금 널리 퍼진 것과 크게 달랐다. 그때는 전화와 텔레비전 · 자동차 · 철도와 비행기 · 일간 신문, 그리고 현대에는 당연하다고 생각하는 다른 모든 형태의 통신이 없었기 때문에 유권자들이 선거 때에 중요한 역할을 했다고 말하는 것이 훨씬 더 사실에 가까울 것이다. 그러나 그후 유권자들이 정치 활동 과정에서 휘두르는 영향력이 거의 없어지게 되었을 것이다. 우리 시대보다 대헌장과 의회의 기원에서 더 시간적으로 떨어져 있던 버크의 시대는, 바로 기술적 격차 때문에 그 정치적 환경에 있어서는 확실히 더 가까웠다. 한정된 기간의 회기중에만 만났던 초기 의회의 구성원들은 그들을 선출한 사람들의 의견을 상담할 필요도 기회도 없었다. 이것은 최초의 자의식 강한 민주 정체의 국가——미합중국——의 건국시에도 적용되었던 조건이었다. 첫 상원 및 하원과 그들이 대표한 뿔뿔이 흩어진 옛 식민지 시민들간의 의견 교환은 심히 제한되어 있었다. 무엇보다도 신생국의 엄청난 크기 때문이었다.

새로운 의사소통 수단과 정치적 의견 표현을 위한 새로운 통로가 이것을 엄청나게 바꾸었으며, 이 새로운 수단은 전적으로 인쇄기로 시작된 기술 혁신 덕택이었다. 논란이 있을 수 있지만, 그것은 대의 민주주의에 결여된 것을 보완하여 원래의 이상에 좀더 가까이 가게 했다. 민주주의와 기술, 둘 다에 관한 이 의견은 인터넷에 대한 필요의 길을 트고 그에 대한 전도유망한 기초를 마련한다. 의사소통과 표현 수단의 유용성이 민주주의 실현을 위한 중요 요소라면, 그리고 인터넷에서 우리가 의사소통 및 표현의 전례 없이 훌륭한 수단을 갖는다면 우리는 인터넷이 우리 이해의 범위 내에 전례 없이 훌륭한 형태의 민주주의를 덧붙임을 추론할 수 있을 것이다.

전자 우편의 편의와 웹 페이지의 위력

이 중요하고 흥미로운 제안은, 언젠가는 그에 대해 무슨 비판을 초래하게 될지 모르지만 처음에는 다른 형태의 의사소통을 능가하는 인터넷의 진정한 이점 몇 가지를 주목하는 것으로써 상당히 강화될 수 있을 것이기 때문에 면밀히 검토하는 것을 정당화한다. 우선 전자 우편을 살펴보자. 전자 우편은 많은 사용자들의 마음을 끈다. 그것이 그에 상응하는 큰 불리함 없이 전화와 편지·팩스의 이점을 결합시키기 때문이다. 예를 들어서 전자 우편은 편지와 똑같은 방식으로 사용될 수 있지만 우표와 우체통을 찾아야 할 필요가 없다. 확실히 이것이 전자 우편으로 신문·라디오·텔레비전을 주고받고 있는 사람들의 수가 증가하는 이유이다. 지금까지는 우표와 편지지·봉투를 사거나 갖고 있는 일같이 가볍지만 중요한 전제 조건들이 방해물로 작용했다. 이제 내 책상에 앉아서 어쩌면 한가한 시간을 라디오나 신문의 공개 토론장에다가 내 의견을 표현하는 것으로 때우는 것이 바로 얼마 전보다도 훨씬 더 쉽다.

전자 우편은 전화가 갖는 즉시성도 갖는다. 편지보다 훨씬 더 신속하게, 사실 전화로만큼이나 신속하게 나는 세상의 어느 부분과도 통신할 수 있다. 그러나 전화를 능가하는 이점도 있다. 한 가지는 사적인 것이 훨씬 덜 공개되며, 그 결과 내가 전자 우편으로 말한 것은 그 속도와 즉각성에도 불구하고 충분히 숙고될 수 있다. 나는 아주 신속히 응답**할 수 있지만** 전화와는 달리 꼭 그렇게 할 것을 **강요**받지는 않으며, 즉석에서 생각할 필요도 없다. 마찬가지로 내가 통신을 보내고 있는 사람도 고려할 가치가 없는 수신을 강요받지 않는다. 게다가 우리 두 사람 모두 아주 간단하게——전화나 편지 · 팩스로 하는 것보다 더 간단하지 않은가 한다——쓰고 대답할 수 있다. 예를 들어서 사람들은 한 줄짜리 대답이나 질문을 하는 것이 보통이다. 그렇게 하는 것이 쉽고 값이 싸기 때문이다. 사람들이 전화기를 집어들어 지구 반대편의 전화번호를 누르고 한 문장을 발언하고는 수화기를 내려놓는 일은 극히 드물다. 이렇게 하려고 편지를 써서 부치는 수고를 하려고 하는 사람은 더욱 드물 것이다.

전화의 직접성은 경솔한 반응을 하게 하는 곤란함 외에도 불리한 점들이 있는데, 이 역시 전자 우편이 피하게 해주는 불이익들이다. 만약에 내가 당신과 전화로 의사소통을 하고자 하면 당신은 특정한 시간에 특정한 장소에, 즉 내가 전화할 때 전화선 저쪽 끝에 있어야만 한다. 그렇지 않으면 아무런 의사소통도 일어나지 않는다. 그리고 설령 내가 그렇게 하더라도 복잡하고 아마도 비밀스런 녹음 시설이 없다면 우리 둘 사이에 무슨 말이 있었는지에 대한 어떠한 기록도 없다. 대조적으로 편지는 더 느리고 즉각적이지도 않지만 수신자가 편리한 때에 읽을 수 있고, 나중에 참고하기 위해 보유할 수가 있다. 이런 점에서 전자 우편은 전화의 즉각성과 편지의 이점을 겸한다. 만약 당신이 그 시간에 거기에 있다면 당신은 대답할 수 있다. 없다면 내가 전하는 말은 당신을 기다린다. 그리고 당신은 그것을 인쇄해서 서류철에 보관할 수 있고, 나는 당신의 답장을 그렇게 할 수 있다. 더 나아가서 이야기되어야 할 중요한 점은 이런 이점들이 개인뿐만 아니라 집단에도 유리하다는 것이다. 개인들끼리 전자 우편으로 쉽고 싸고 편리하게 의사소통을 할 수 있는 점은 한 무리의 사람들간의 의사소통에도 적용되며, 따라서 집단을 조직화하고 관리하는 일이 훨씬 더 쉬움을 의미한다. 예를 들어서 많은 수의 이해 당사자들에게 메시지(예를 들면 모임 통지)를 유포하는 것이 그들 모두에게 전화를 하거나 편지를 쓰는 것보다 훨씬 더 간단하고 (현재로서는) 비용도 훨씬 덜 든다. 그래서 이 집단 의사소통의 장점에서 파생된 개인적 · 교육적 · 상업적 이득이 많은 한편, 그것은 정치적으로도 중요하여 이 장에서 우리가 관심을 갖는 것도 그것이다. 정당과 로비, 이익 집단의 조직과 유지는 직접 민주주의의 이상과 대의 민주주의의 필요성간의 간격을 메우는 중요한 방법이다. 만약에 이것이 다소 쉽게 이루어지면 시민들이 이용할 수 있는 기술에 따라 다양한 형태의 기술——이 경우에는 전자 우편——에서 더 큰 민주주의의 이점이 기인한다고 생각할 수 있을 것이다.

전자 우편의 출현과 더불어 이제 개인과 집단은 지금까지보다 훨씬 더 적은 비용으로 훨씬 덜 불편하게, 또 많은 사람들로 하여금 어떤 형태의 정치적 참여도 단념하게 하는 신분 노출의 위험 없이 공개 토론에 기여할 수 있게 했다. 이런 이점들은 정치적 기관들에 의해 이용당하지 않는다면 실로 놀랄 만한 것이며, 이 일이 이미 잘 진행되고 있다는 충분한 증거가 있다. 내가 제시했던 분석에 의하면 이것은 민주주의에 이롭고, 따라서 **만약** 더 훌륭한 민주주의가 환영받을 어떤 것, 우리가 아직도 조사해야 할 문제라면 한마디로 이롭다. 물론 거기에는 다른 면이 있으며, 특히 집단 형성에 끼치는 영향력에 관해서는 훨씬 더 이야기되어야 한다. 이것은 나중에 좀더 논의될 주제이다. 그러나 당장은 인터넷을 민주주의의 진보에 중요한 요소로 간주하는 사람들의 편을 들어, 전자 우편이 중요한 의미에서 이전의 의사소통 형태들보다 유리하다고 생각하는 것에는 일리가 있다고 기록할 수 있다.

물론 전자 우편은 단지 인터넷의 한 국면으로 여러 세목 중 얼마 안 되는 한 항목일 뿐이다. 그러나 다른 특징들 역시 민주적인 이점을 갖고 있는 것으로 그럴듯하게 해석될 수 있다. 웹 페이지를 만드는 일을 예로 들어 보자. 웹 페이지는 회사와 기관, 조직, 개인의 카탈로그나 신제품 소개로 생각될 수 있다. 그러나 본문과 화보뿐 아니라 소리와 동영상을 담을 수 있으며, 반응과 상호 작용이 가능하기 때문에 대단히 번쩍번쩍한 카탈로그보다 더욱 인상에 남고 응용이 자유롭다.

하지만 웹 페이지는 기계 안 어딘가에, 즉 구체적인 물리적 위치를 갖는 '서버'에 저장된 전자적 자극 또는 디지털 정보의 총체이다. 하지만 하이퍼링크 기술 덕택에 세계 어디에서건 이 디지털 정보에 접근할 수 있으며, (적절한 소프트웨어가 주어지면) 거기에 접근함으로써 만든 사람이 제공한 그림·문서·소리 등을 접근한 사람의 컴퓨터 스크린에 만들어 낼 수가 있다. 사실 사용자들에 관한 한 디지털 정보와 서버의 언어, 그리고 기술은 망각되거나 무시될 수 있다. 우리는 문서와 영상에 접근하고 상호 작용하게 하는 것들에 대해 전혀 알 필요가 없다. 게다가 그렇게 하기 위한 우리의 능력은 사실상 시간적으로나 공간적으로 제한되어 있다. 어느 때 어느곳에 있는 그 누구건간에 비교적 제한된 수단으로도 웹에 무엇을 올리고 내릴 수 있다. 어떤 의미에서 더욱 중요하게 상업적으로 공급하는 사람들에게서 구입한, 또 열광자들에게서 무료로 기증받아 점점 더 많은 양의 소프트웨어를 이용할 수 있게 됨에 따라 엔지니어적 기술뿐만 아니라 예술가와 타이포그래퍼,[8] 전문가적 기술 없이도 일반인이 감동적인 표현을 전개할 수 있다.

이것을 올바르게 인식하려면 인터넷을 라디오·텔레비전과 비교해 보라. 라디오와 텔레비전 채널이 무한정으로 많고, 기본 방송 비용이 엄청나게 낮아진 요즈음에도 개인과 소규모 집단들이 수단과 기술을 짜맞추어 그들 자신이나 자신들의 견해를 방송할 가능성은 여전히 엄격히 제한되어 있으며, 사실상 아주 제한되어 있어 대개는 실질적으로 불가능하다. 대조적으로 시간과 수단·기술이 제한된 개인과 집단이 인터넷 기술을 이용해서 말 그대로 세계에 그들 자신과 그들의 메시지를 공개할 수가 있

---

8) 활자 서체 짜기, 레이아웃 등의 전문가.

다. 한 번 더 여기에서 파생되는 매우 사적이고 상업적인 이점이 있으며, 인터넷의 보급 및 발전의 배후에 있는 주요한 추진력은 주로 이런 종류의 이점일지도 모른다. 정치적인 이점들도 있는데, 그 이점들은 민주주의의 결함을 보충하는 것, 곧 대의 민주주의와 직접 민주주의의 간격을 메우는 것으로 쉽게 해석된다.

이 신기술의 이점은 상당히 과장되었다고 대답할 수 있을 것이다. 상대적으로 말해서 전자 우편과 웹 페이지로 된 인터넷은 이제까지보다 훨씬 광범위한 수의 사람들에게 의사소통과 표현의 기술적 수단을 확대한다는 데에 동의하도록 하자. 설령 그렇다고 하더라도 그것은 (최소한) 개인 컴퓨터가 고도의 기술을 가질 것을 요구하며, 이것은 세계 인구 중 다만 소수만이 향유하거나 머지않아 향유할 가망이 있는 기술이다. 아직까지 이야기된 모든 것들이 북아메리카와 서구 유럽의 많은 시민들에게는 해당되는 반면 동구 유럽에서는 훨씬 덜 해당되고, 예를 들어서 아프리카나 인도·중앙아시아에서는 전혀 해당되지 않는다. 국민의 힘이 인터넷 기술에 좌우된다면 대부분의 세상 사람들에게 있어서 그것은 아직도 요원한 일이다.

지금까지는 비교적 소수의 특권층만이 인터넷에의 접근이 가능하다고 말하는 것이 옳을지라도, 내 견해에 의하면 이 점에 너무 많은 비중을 두는 것은 실수하는 일이 될 것이다. 우리는 다른 예들을 통해서 인기 있는 기술은 매우 빠르게 확산될 수 있으며, 심지어는 빈곤 지역에서조차 놀랍도록 신속하고 광범위하게 모습을 드러낼 수 있음을 알고 있다. 예를 들어서 비용 때문에 지구상의 작은 지역에만 트랜지스터 라디오 기술이 제한되었던 때가 있었다. 이제 트랜지스터 라디오는 도처에 있으며, 아주 많은 지역에서 일회용품이나 별다를 것 없이 간주되기에 이르렀다. 가격 하향에 대한 강력하고 지속적인 압박과, 그에 따라 그것을 손에 넣는 비용이 내려가기를 바라는 변치 않는 경향이 있는 것이 인기 있는 기술의 두

드러진 특징이다. 이것은 부분적으로는 그것의 인기가 제조업자들이 기꺼이 공급하려고 하는 거대한 수요를 만들어 내기 때문이고, 또 부분적으로는 우선 그것이 거기에 오르게 한 혁신적인 기술이 그때까지는 혁신이 끝나지 않고 같은 것이나 더 나은 것을 행하는 더욱 간단하고 비용 효율이 높은 방법들을 찾아내는 상태에 있기 때문에 생긴다. 이 현상은 인쇄와 운송·냉장·텔레비전·전화의 경우에서 간단히 관찰할 수 있다. 그러므로 우리는 컴퓨터와 인터넷에 대해서도 같은 결과를 기대해야 할 것이다. 과연 이런 일이 일어나고 있음을 보여 주는 증거가 우리 주위에 대단히 많으며, 그것이 세상의 외지고 비교적 가난한 구석에서 이미 발견됨은 놀라운 일이다. 인터넷의 영향에 대해 평가하려고 하면서——그것이 이 책이 하고자 하는 것인데——그것의 영향 범위가 라디오와 텔레비전식으로 커질 것이 아닌 어떤 것을 추정하는 일은 어리석을 것이다.

그렇다면, 그리고 민주주의에 대한 철학적 분석과 인터넷에 대한 서술이 내가 이미 제안한 것과 같다면 민주주의 국가의 정치적 절차에 중요한 영향을 미칠 것을 기대할 수 있을 터이며, 정치 형태들이 인간 삶의 중심이 되는 요소들 중 하나를 만드는 것으로 간주하는 한 인간의 삶은 변환의 경계에 있다고 결론지을 수 있을 것이다. 우리가 추후의 논의 없이 결론내릴 수 없는 점은, 이 변환이 이익이 되는 변환이라는 것이다. 그런 암시를 덧붙이려면 민주주의의 이상에 대해 무조건 찬성할 것을 요구하기 때문이다. 그렇게 해야 할까?

민주주의의 가치

나는 이 장을 시작하며 "민주주의란 좋은 것인가?" 하는 질문을 진지하게 받아들이는 일이 어려움을 이야기했다. 하지만 이것은 현대에만 해당된다. 사람들이 정치에 관해 생각해 온 대부분의 시기에 민주주의는 찬탄의 대상이라기보다는 공포의 대상이었다. 그것이 '중우 정치'——오합지졸에 의한 통치——라는 섬뜩한 상태(비록 말은 멋들어지지만)에 가까웠기 때문이었다. 기원전 5세기의 플라톤으로부터 19세기의 존 스튜어트 밀에 이르는 정치 이론가들은 정부 형태로서의 민주주의에 반대해 다양한 공격을 하거나 진지한 유보 조항들을 제기하곤 했다.

현대에는 그런 유보 조항들은 제거된 듯 보인다. 이는 민주주의 이론에 대해 이야기되지 않는다고 하는 말이 아니다. 그것은 종종 이야기되며, 그런 논의시에 민주주의의 이상에 관한 근본 원칙을 공식화하고 정당화하려는 시도들에서 아주 많은 문제와 모순들이 발견되곤 한다. 그러나 비록 만족할 만한 해결책들은 아직 나타나려 하지 않을지라도, 내가 보기에는 해결하고 해결해야만 하는 이 문제들에 관한 현대의 거의 모든 토론에는 입 밖에 내지 않은 가설이 있는 듯하다. 내가 문제시하려고 하는 것이 바로 그 가설이다. 그러나 민주주의와 그 토대라는 논제는 아주 광범위한 것이고, 여기에서 나는 그것이 인터넷의 의의와 관계가 있는 한에서만 관심을 갖고 있기 때문에 이 문제들을 개괄하고 나서 이 책의 관심사와 특별히 관련된 두 가지에 대해서만 초점을 맞추는 선에서 한정하려고 한다.

민주주의 이론에 면해 갖는 첫 문제는 그 정의에 관한 의문이다. 우리는 "국민의, 국민에 의한, 국민을 위한 정부"라는 에이브러햄 링컨의 유명한 말에 신세지고 있다. 그런데 '국민'이란? 최초의 그럴듯한 제안은 '국민'이란 주어진 국가 안에서 법을 지키는 모든 사람들이라는 것이다. 이 개념이 주어지면 민주주의의 근본 원칙을 "법을 지키는 사람들에게 법을 만들게 하자"로 공식화하는 일이 가능하다. 이것은 확실히, 법을 만드는 역할을 그 훨씬 너머로까지 확장하는 영향력 있는 생각을 담고 있다. 그것은 또한 '타고난' 주인과 '타고난' 하인이 있으며, 후자는 전자의 규칙에 따라야 한다는 훨씬 더 오래된 생각도 타파한다. 그 대신 정부는 정부가 다스리는 사람들의 주인이 아니라 하인이 되는 식으로, 그것은 지배하는 계급이 지배당하는 사람들의 의지에 복종하게 만든다.

그러나 이런 생각들이 아무리 매력적이고 감탄할 만할지라도 그것들은 '포괄의 문제'로 알려진 어려움에 봉착한다. 우선 "법을 지키는 사람들에게 법을 만들게 하자"는 원칙은 그럴듯해 보이지만, 왜 우리가 그것을 채택해야 하는지 의문해 볼 필요가 있다. 이런 대답이 있을 수 있다. 법과 공공 정책을 침해하는 사람들은 누구나 그들이 어떠해야 하는지 어느 정도 말할 권리가 있다. 다른 한편 그것은 그럴듯해 보이지만 상당히 다른 원칙, 즉 "법을 어기는 사람들에게 법을 만들게 하자"라는 원칙을 지지한다. 그런데 한 나라에서 인가된 법과 경제 정책이 다른 나라의 시민들에게는 불리한 영향을 미칠 수 있기 때문에, 일련의 법과 정책에 의해 악영향을 입은 부류의 사람들이 합법적으로 그것들을 지킨 사람들보다 상당히 많을 수 있다. 정치범 수용소나 이민과 관련된 법들이 적절한 예이다. 그렇다면 민주주의의 이상은 우리에게 누구를 '국민'에 포함시키도록 명령하는가?

설령 우리가 민주주의의 적용을 첫번째 원칙에 제한할 충분한 이유를 발견하고, 또 법의 영역 밖에 있는 사람들이 여전히 법의 영향을 받을지도 모른다는 사실을 무시할 수 있을지라도 어려움은 남아 있다. 법을 지켜도 그들의 나이와 능력·태생 때문에 민주적으로 진행되고 있는 환경에 조화될 수 없는 부류의 사람들——어린이, 정신적으로 장애가 있는 사람들, 재류 외국인들——이 있다. 어린아이들과 정신장애자들(재류 외국인들은 별도로 치자)은 정치 활동에 있어서 적절한 역할을 하는 데 필요한 지적 소양이 없지만 다른 사람들이 제정한 법을 지켜야 하며, 만약 그러지 않으면 어떻게 될지 이해하는 데 어려움이 있다. 그러므로 그들을 배제시키는 것은 직관적으로 그럴듯한 다른 원칙——"법을 만들 충분한 능력이 있는 사람들이 법을 만들게 하자"——에 근거해야만 한다. 그러나 일단 우리가 이 제한에 곧이곧대로 맞추게 되면 그것을 한정하는 것이 어려워진다. 성인 유권자들은 무식하거나 무관심하거나 당파심이 강할 수 있으며, 그들의 무지와 당파심이 자신들의 능력에 어긋나게 훌륭한 정치적 의사 결정에 필요한 다양하고 대개는 복잡한 사실과 조건들을 고려해 보도록 할 수 있음을 우리는 안다. 어떻게 지적으로 준비가 안 되어서 정치적인 문제점들을 지적이고 또 책임 있게 처리할 수 없다는 이유로 어린이와 정신장애자들을 시종일관 배제시키고는, 다른 이유에서 볼 때 결코 지적으로 더 잘 갖추었다고 할 수 없는 사람들은 배제시키지 않을 수가 있을까?

이 두번째 문제는 본래의 포함 문제와 관계되지만 훨씬 광범한 파생 효과를 갖고 있다. 그것은 보통 '한 사람이 한 표'라고 알려진 민주주의의 이상에 있어서의 잘 알려진 또 다른 요소에 대해 의혹을 불러일으킨다. (다른 맥락에서) "각각 하나로 세고 어느 누구도 하나 이상으로 셈하지 않는다"라는 표어를 만들어 낸 사람은 바로 법학자 제러미 벤담이다. 그런데 왜 각각 하나로 세야만 하는가? 그들이 찬성하는 정책과 선거에서 후보자들에 관한 정보를 얻기 위해서 자신이 할 수 있는 최선의 수고를 하는 사람의 투표를, 무지해서 문제점을 잘못 생각한 사람이나 아무렇게나 마음내키는 대로 머리카락 색깔에 따라 투표하거나 그들의 견해는 개의치 않고 소수 인종 출신의 후보자에게 투표하기를 거부하는 사람들의 표보다 더 셈해서는 안 되는 이유가 무엇인가? 언젠가 빅토리아 여왕이 말했다. "이렇게 힘든 시기에 그 중요성에 대해 조금도 의신할 수 없는 솔즈베리 경 같은 훌륭한 내각을 특별한 이유 없이, 단지 투표 수 때문에 해산해야만 하는 우리의 명성 자자한 헌법에는 내가 보기에 어떤 결함이 있는 것 같다." 내가 보기에는 타당한 주장이었으며, 요점은 이렇다. 합리적인 투표와 비합리적인 투표가 있을 수 있다는 것이다. 어린이와 정신장애자들을 배제하는 것은 이를 인식하는 것이지만, 보통 및 평등 선거라는 민주주의의 이상은 이를 고려하지 않는다. 그것은 모든 것을 숫자에 의해 결정하게 한다.

결정 절차로서의 투표와 관련해 또 하나의 중요한 문제가 발생한다. 누가 우리를 대표해야 할까? 무엇이 법이 되어야 하는가? 두 질문에 대한 대답으로 민주주의의 이상은 대답한다. 과반수가 지지하는 것이면 무엇이든. '국민에 의한 정부'와 '한 사람이 한 표'를 결합시킨 이 세번째 원칙인 '과반수의 법칙'이 민주주의의 이상의 근본 요소가 된다고 말할 수 있을 것이다. 그러나 여기에서 역시 분명하고 중요한 반론들이 제기된다. 민주주의에 대한 신념 못지않게 현대에 널리 퍼진 것이 모든 헌법 및 법률상의 재판권이 존중해야 하는 권리인 기본 인권에 대한 믿음이다. 그러나 공개적이고 공정하며 자유로운 선거 결과에 의해 유권자(또는 그 대의원 회의)의 과반수가 이 기본 권리를 침해할 법에 찬성할 수 있음에 대해서는 그다지 심사숙고하지 않는다. 사실 기록상의 많은 사례들이 있다. 그런 사정에서 무슨 근거로 권리 신봉자는 과반수의 법칙에 대한 신념을 고수할까? 그렇게 하는 것은 다시 한 번 더 숫자를 숭배하는 것이나 진배없는 듯 보일 것이다.

우리가 이 첫 세 문제들에 대한 대답을 찾는다고 해도 또 다른 어려움이 있다. 이것은 정치적 생명은 정적인 것이 아니라 역사적 진행 과정의 일부라는 사실로부터 발생한다. 우리가 방금 검토중인 반론에 영향받지 않는 때의 어느 특정한 시점에 선거 또는 국민 투표가 있다고 가정하자. 그것의 권위는 얼마나 오래 지속될까? 의회의 개혁을 주장하던 19세기 차티스트들은 그들 요구 사항에다가 연의회, 다시 말해서 1년 동안만 선임될 의회를 포함시켰다. 이것은 대략 실행 불가능한 것으로 간주되었으며, 세계의 다른 모든 곳에서와 마찬가지로 영국에서는 시간 제한(5년)이 상당히 길다. 하지만 실질적인 중요성을 고려하지 않고서 민주주의적인 관점에서 볼 때 과연 '적정' 길이라는 것이 존재할까? 예를 들면 지난번 선거 때에 투표 연령에 조금 못 미쳤던 내가 왜 인가된 연령에 이른 후에도 아무런 역할도 안했던 선거나 국민 투표의 결과에 의해 수 년 동안 속박당해야 하는가? 그들이 아무런 역할도 하지 않은 결정에 속박당할 유권자에 진입하는 새롭고 자격이 있는 시민들은 언제나 있을 것이기 때문에 우리는 선거 기간을 우리가 좋아하는 길이로 나눌 수 있다. 우리는 선거와 국민 투표 사이의 간격을 공정하고 합리적이라고 널리 받아들여질 기간으로 확정할 수 있지만, 결정적인 점은 그 사이의 기간은 "법을 지키는 사람들에게 법을 만들게 하자"는 원칙이 작용한다고도 **할 수 없고** "법을 어기는 사람들에게 법을 만들게 하자"는 원칙이 작용한다고 말**할 수도 없다**는 것이다. 민주주의는 때에 따라 실현될 수 있지만 언제까지나 내내 실현될 수는 없는 정부 형태인 듯하다.

결국 이 어려움을 극복할 수 있으리라 하더라도 이 두 원칙 중 하나를 정당화할 이유는 어디에 있나? 그 대답은 또 하나의 낯익은 민주주의의 표어인 "국민에게 권력을"에서 발견되리라고 생각한다. 민주주의의 도덕적 토대를 특징짓는 사상은 국민이 자신들의 일을 통제한다는 것이다. 이것은 칸트의 '인간 존중' 이념과 관계된다. 우리 삶의 많은 부분은 법과 정치에 의해 결정되기 때문에 개인의 자율성을 존중하여 우리로 하여금 개인들에게 그들이 사는 데 요구되는 정책과 프로그램을 만드는 일에 얼마간 참가할 것을 요구한다. 이렇게 말하고 보니 이 생각은 어쩌면 이의를 제기할 수도 없고 논의의 여지도 없는 듯이 보인다. 어쨌든 나는 그것에 대해 이의를 제기하러 하지 않는다. 그러나 민주주의는 확고한 도덕적 기초를 갖고 있다는 것을 받아들이는 것과 추론하는 것 간에는 중요한 차이가 있다. 그런 추론은, 민주주의의 기초는 그것을 운영하는 사람들에게 참으로 권력을 부여한다고 가정하기 때문이다. 이것이 사실인가?

국민에게 권력을?

그 진위를 평가함에 있어서 우리는 중요한 의견을 염두에 두어야 한다. 이득의 가치는 그것의 분배 방식과 무관하지 않다. 이 예를 살펴보라. 우리는 곡물 비축량을 떼어 놓고, 분배하기 위해서 일정량을 가지고 있다. 그것을 매우 필요로 하는 굶주린 사람들이 많이 있다고 가정하면 어느 누구도 다른 사람보다 자기 몫을 더 주장할 수 없다. 곡물은 필요로 하는 모든 사람들에게 똑같이 나뉘어야 함이 당연한 듯하다. 그러나 우리가 그것을 더 널리 분배할수록 각 수령인들이 받는 양은 더 적다. 여기까지는 분명하지만 조금 분명하지 않을지도 모르는 것은 어떤 지점을 지나면 배당 몫이 너무 적어서 굶주림을 누그러뜨리지도 못하고, 영양 공급 면에 있어서의 어떤 차이도 주지 못하기 때문에 그것은 가질 가치가 없게 된다. 이 지점을 지난 분배는 이득을 좀더 널리 공유하는 것이 아니라 순전히 낭비이다. 요컨대 우리가 시작한 곡물 양의 가치는 그 분배와 무관하지 않다.

내가 보기에는 정치적인 권력의 분배에 있어서도 비슷한 지점이 있을 수 있는 것 같다. 독재 정치에서는 사람들이 어떤 결과를 원하든, 어쨌든 이론상으로는 성취할 수 있는 모든 권력은 단 한 사람의 지배자에게 집중되어 있다. 권력이 몇몇에 분배되어 있기는 하지만 제한된 지배 계급이 존재하는 과두 정치에서는, 권력은 여전히 충분히 집중되어 있어 특정한 집단이나 소수의 독재자가 총괄해서 그 의지를 실행에 옮기게 한다. 권력이 좀더 널리 분배되어 어느 누구도 결코 진정한 권력을 향유할 수 없는 지점에까지 분산될 위험이 있다. 아마 틀림없이 이 지점이 바로 우리가 민주주의를 만나는 곳일 것이다.

이것은 이론적인 가능성일 뿐만 아니라 대부분의 민주주의에서 실현된 것임을 증명하기 위해 다음의 중요한 의견을 검토해 보라. 다음 상황——

모든 투표는 동등하게 계산되고, 투표자들이 많으며, 결과가 다수결에 의해 결정되는──이 우세한 선거에서는 정해진 어떤 개인이 어느쪽에 투표하든 아무런 차이도 없다. 만약 홍색 후보자가 근소한 득표차로라도 승리하면 홍색 후보자는 내가 홍색에 투표했건 청색에 투표했건 간에 승리했을 것이다. 내 투표권은 결과에 아무런 차이도 만들지 않았다. 그러나 나에게 해당되는 것은 다른 모든 투표자들에게도 해당되어, 그로부터 **어느 누구**의 표도 아무런 차이도 만들지 않았다는 결론이 된다. 결과가 단 한 표에 의해 결정된 아주 드문 경우에 있어서조차 이것은 여전히 사실이다. 실제 어떤 표가 결정적인 것인지 확인할 도리가 없기 때문이다. 내 표가 마지막 표가 될 때, 그리고 내가 동수 득표라는 것을 알 때에만 내 표가 차이를 만드는데, 물론 현대 민주주의의 더 나아간 특징──비밀투표──은 이를 불가능하게 한다.

　때로는 이것을 중요한 문제로 받아들이기보다 역설적인 난제로 받아들이기가 쉽다. 결국 누구나 알고서 의도적으로 투표를 하고, 그들의 표가 모여 만든 결과였다. 그렇다면 어떻게 그 중 어느것도 아무런 차이를 안 만들었을 수가 있을까? 그러나 파악한 중요 구별은 어떤 결과를 만드는 절차와, 하나의 결과가 다른 것에 우선하여 선택되는 절차 간의 차이이다. (거의) 보통 선거에 의거한 선거는 결과가 있게 마련임에는 의문의 여지가 없다. 그러나 결과를 낳는 것은 동전 던지기 역시 마찬가지이다. 동전 던지기의 경우에는 결과가 선택되는 것이 아님은 분명하다. 그저 결정될 뿐이다. 선거의 경우에는 이것이 그보다 분명치 않지만 실은 마찬가지이다. 보통 선거는 어떤 결과를 만들어 내지만 누구나 그 결과를 선택할 수 있는 것은 아니다. 그렇게 하는 힘은 그것이 분배됨으로써 흩어져 없어진다. 이 논증이 보여 주는 것은 민주적 선거 절차가 갖고 있을지도 모르는 다른 장점들이 무엇이든 그것들은 국민에게 권력을 양도하지 않는다는 것이다. 그러나 만약 그것이 사실이라면 민주주의의 도덕적 기초를 제공한다고 생각되던 저변의 사상을 어디에 둔 것일까? 그 대답은, 그것은 그것이 정당화하기로 되어 있는 체제로부터 중요한 거리에다 그것을 남겨둔다는 것이다.

인터넷과 민주주의의 결합

우리는 "민주주의는 좋은 것인가?" 하는 질문으로 지지난 절을 시작했다. 뒤이어 열거한 민주주의에 관한 이론에 있어서의 난점들은 거의 보편적인 신념과는 반대로 민주주의에 유리하게 이야기될 것이 별로 없음을 시사한다. 그것은 어딘가 독단적인 포함의 원칙을 전개할 것을 필요로 한다. 그것은 편견을 가진 사람들과 불합리한 사람들을 동등하게 둠으로써 정치적 책임을 이성적으로 발휘하는 효과를 감소시킨다. 그것은 다수의 의지라는 명목으로 개인의 권리를 침범하는 것을 허가한다. 그것은 경우별로 적용할 수는 있지만 아주 짧은 시간도 유지할 수가 없다. 그리고 국민에게 권력을 부여한다는 그것의 주장은 환상이다. 나는 이 모든 것이 심각하고 필시 극복할 수 없는 문제일 것이라고 생각하지만 그 중 둘을 좀더 면밀히 검토하고, 논쟁의 초기 단계에 대의 민주주의의 결함을 보완하는 것으로 간주되었던 인터넷 기술이 좀더 근본적인 수준에서 민주주의의 결함 그 자체에 영향을 미칠 수 있을지 질문해 보고 싶다.

집중적으로 다룰 두 문제는 불합리성과 무력함에 관한 문제로, 대단히 편리하게도 두번째 것부터 시작해도 관계없다. 일반 투표자의 무력함을 표현하는 한 가지 방법이 이것이다. 권력을 다음과 같이 분석하는 것은 타당한 듯 보인다. 만약 내가 X를 할 힘을 갖고 있고, 내가 X를 하기로 선택한다면 X가 결과로서 일어날 것이다. 그런데 우리가 따로 떼어낸 문제는 이렇다. 이론은 우리에게 민주주의에서는 국민에게 그들의 지도자들을 강요하기보다는 국민이 그들의 지도자들을 선택할 수 있다고 말한다. 그러나 어떤 투표자의 경우 투표소에서 X를 선택하는 것이 X가 선출될 것임을 암시하지는 않는다. 어떤 투표자에게 해당되는 것은 모두에게 해당되며, 그로부터 어느 누구도 X를 지도자나 대의원으로 선택할 권한을 갖고 있지 않다는 결론이 나온다.

아무도 그런 일이 있다고 생각한 적이 없다고 대답할지도 모른다. 민주주의 이론가는 통치자의 선택은 국민의 **집결된** 힘이라고 주장하기만 하면 된다. 선택은 의도를 의미하고, 유권자들 또는 그 일부가 집단적인 **의도**를 갖고 있다는 제안은 확실하지 않은 것이기 때문에 집단적인 선택이라는 사상에 대해 제기되는 의혹들이 있다. 그러나 이들 의혹은 제쳐두기로 하자. 민주주의의 옹호자가 이용할 수 있는 또 다른 주장이 있기 때문이다. 선거같이 집단적으로 의사를 결정하는 일에 있어서 그것은 의견이 어떻게 만들어져야 하는지에 관한 의견 형성인 것만은 아니다. 이것은 선거 유세와 거기에 개입된 모든 것들을 이해하게 하는 것이다. 그런 유세 동안에는 개인과 조직적인 집단들이 온갖 친숙한 방법과 매체를 통해 영향력을 발휘할 여지가 있다. 만약 논쟁 초기에 동의했듯이 이 수단의 효력이 현재 통용되는 기술의 기능이라면 좀더 강력한 의사소통 기술은 일반 시민들의 영향력을 증대시키고, 따라서 민주적인 과정 중에 그 입지를 향상시킬 것으로 기대될 수 있을 것이다. 다시 말해서 인터넷이 대의 민주주의의 결함을 보완하는 듯이 보였던 것처럼, 그것은 좀더 근본적인 단계에서 민주주의의 결함을 보완할 것으로 기대될 수 있다.

논의된 모든 것들을 가정하면 이것은 설득력 있는 생각이며, 표현 및 집회의 자유라는 수단에 의해 정치적 결과에 영향을 미치는 것은 그것이 없으면 그저 한 표 던지는 능력은 공허한 의식이 되어 버리는 민주주의의 중요한 한 부분으로 늘 생각되어 왔음은 틀림없는 사실이다. 그러나 그것이 우리가 검토중인 도전에 정말 대처할까? 나는 얼마간은 '맞다' 고 하고 싶고, 얼마간은 '아니다'라고 말하고 싶은 기분이다. 이것은 모든 시민에게 평등한 표현의 자유가 영향력에 있어서의 동등함을 암시하지는 않기 때문이다. 한 가지 형태의 영향력이 다른 형태의 영향력과 아주 다를 수 있으며, 상이한 형태의 유효성은 평등한 자유 이상의 것에 의해 좌우된다. 예를 들어서 텔레비전에 광고하는 것은 엉성하게 제작한 전단 광고를 집집마다 배포하는 것보다 훨씬 더 많은 사람들에게 훨씬 더 큰 영향을 미친다. 비록 둘 다 동등한 정치적 표현의 자유가 주어졌을지라도 전자에 접근할 수 있는 사람들은 후자보다 선거 및 국민 투표의 결과에 훨씬 더 큰 영향을 미칠 것이다.

"바로 그렇다"라고 인터넷에 열심인 민주주의자는 대답할지도 모른다. 민주주의에 대한 인터넷의 이점은 바로 여기에 있다. 앞서 관찰했듯이 전자 우편과 웹 페이지는 아직까지 비교적 부유한 사람들의 영역이었던 의사소통과 발표의 힘을 비교적 평범한 사람들의 손에 맡긴다. 그래서 우리는 양방향 대화형 텔레비전 같은 다른 관련된 발전과 더불어 인터넷이 일반 시민들의 정치적 영향력을 증진시킬 것이며, 정치 유세장을 평준화시킬 뿐만 아니라 민주주의에 대해 혹평하는 사람의 간파력과 영향력 간의 격차를 메울 것을 기대할 수 있을 것이다.

이제 나 자신이 이 논쟁을 지지하는 인터넷의 몇 가지 중요한 특징을 확인한 터라, 이런 경향의 반응을 아주 거부하는 것은 부당해 보일 것이다. 그러나 제기되어야 할 두 가지 중요한 경고가 있다. 첫째는 현재 상대적인 부가 다른 매체에서와 마찬가지로 인터넷에서도 스스로를 드러낸다고 생각할 충분한 증거가 있다는 것이다. 상업적인 광고주들의 웹 페이지의 질은 대부분의 소집단과 개인들의 웹 페이지보다 현저히 멋지다. 이는 여전한 실정인 듯하며, 질에 있어서의 차이가 영향력에 있어서 차이를 만드는 한 정치적 표현의 이전 형태——텔레비전 · 광고판 · 신문 광고——에서 보이던 뚜렷한 차등이 인터넷에서도 되풀이되기 십상이다.

이 의견은 전자 우편에서 기인하는 이점을 고려하지 않는 것이 사실이며, 이런 이유로 민주적인 구조 내에서의 정치적 참여에 인터넷이 중요한 차이를 만들어 낼지도 모르는 진정한 가능성이 있음에 대해 과도하게 회의적이거나 부정하는 것은 어리석을 것이다.

둘째 경고는 아마 더욱 뚜렷할 것이다. 만약에 인터넷이 의사 표현 및 발표에 전례 없는 배출구를 제공하는 것이 사실이라면 이익이 분산되는 현상이 얼마간 눈에 보인다. 텔레비전 채널이 증가함에 따라서 늘어난 채널만큼이나 방송할 수 있는 것에서 오는 이득이 줄어든 결과, 각 채널이 마음대로 하기를 희망하는 대중의 주목의 양은 줄어든다. 우리는 마땅히 인터넷에 대해서도 역시 그렇게 생각할 수 있을지 모른다. 거기에서 제공하는 정보와 자료의 양이 불어날수록 어느 한 사이트가 끌리라고 기대할 수 있는 주목의 양은 줄어들고, 따라서 매체의 가치도 떨어질 것이다. 이것은 웹 페이지와 마찬가지로 전자 우편에도 해당된다. 값싸고 편리한 점이 보통 사람들로 하여금 신문·라디오 및 텔레비전 방송국, 그리고 정부 홍보 접수대에 자신들의 의견을 표현하는 것을 더 쉽게 만들지 모른다. 그러나 더욱 많은 메시지가 쏟아져 들어올수록 그 중 어느 하나가 중요하게 떠오를 기회는 줄어든다.

이런 사정은 인터넷이 일반 시민들의 영향력을 증대시킴으로써 민주주의의 발전을 향상시킬 것을 바라는 민주주의자의 기대가 지나치게 낙관적일 수도 있음을 암시한다. 그러나 그것이 내가 무턱대고 강조하고자 하는 점은 아니다. 최선으로 평가해서 국민에게 권력을 양도하는 방법으로서의 민주주의의 결합은 인터넷 기술에 의해서 대단히 두드러지게 완화될 것이나 그것이 완전히 제거되지는 않을 것이라고 말할 수 있을 터이다. 내가 초점을 맞출 것을 제안한 두번째 문제——투표자의 합리적 견해에 대한 보통 선거의 무관심——에 관해 인터넷이 가능성 있는 해결책을 제공할지 하는 의문은 남는다.

이때에 문제는 '한 사람이 한 표'라는 이상, 그리고 그 점에 관한 한 모든 시민들이 평등한 정치적 표현의 자유를 누린다는 이상은 표현된 의견들이나 던진 표들이 근거하는 것이 이성인지 불합리인지, 지식인지 무지인지, 편견인지 공명정대인지에 대해 전혀 고려하지 않음을 상기시킬 것이다. 처음 보기에는 인터넷의 확대가 이 문제 역시 역점을 두어 다루는 것으로 생각될 수 있을지도 모른다. 정치적 쟁점들에 관한 사실뿐 아니라 다른 의견들에 관해서도 더 많은 정보를 더욱 쉽고 더 광범위하게 이용할 수 있게 되면서 우리는 더욱 견문 넓은 대중을 기대할 수 있을 것이고, 따라서 일반 시민들 가운데 더 수준 높은 정치적 토의를 하기를 바랄 수 있을 것이다. 그런 추측이 경건한 바람 이상의 것이 될 수 있을지는 내가 보기에 회의적이다. 그러나 인터넷의 특징에 기초해 추론하는, 그에 대한 좀더 실질적인 추론이 있다.

비록 표면적인 점에 있어서는 텔레비전과 다르지 않을지라도(그것은 시청각적 화면 표시 장치를 사용한다) 인터넷은 중요한 점에 있어서 다르다. 화면상의 자료는 실제로 방영되는 것이 아니다. 텔레비전 프로그램과는 달리 오히려 거기에 저장된 채 제거될 때까지, 또 제거되지 않으면 남아 계속적으로 이용할 수 있다. 앞장에서 나는 그것을 거대한 도서관과 미술관·쇼핑센터, 그와 비슷한 것들에 비유했다. 그런 유사물들은 그것에 맞춘다기보다 그 주위를 배회한다는 것이 더 부합하는 이미지이며, 우리가 미술관이나 도서관에서 대단히 우리의 흥미를 끄는 것들이 있으면 멈춰 서거나 되돌아가고 하는 것과 마찬가지로 인터넷으로도 역시 그렇게 한다는 것을 암시한다. 다시 말해서 인터넷에서 우리가 주목하는 것은 텔레비전의 경우에 있어서보다 훨씬 더 선택적인 문제이다. 텔레비전으로는 만약 정해진 시간에 어떤 채널에서 우리가 보는 것이 마음에 안 들거나 재미가 없으면, 우리가 할 수 있는 유일한 선택은 텔레비전을 끄는 것인 반면 인터넷에서는 우리 마음에 드는 무엇인가를 찾을 때까지 서핑을 계속할 수 있다. 그런데 이것이 의미하는 것은 기질상 그들의 흥미와 견해에 어긋나거나 그것들과 충돌하는 영역은 돌아다니려 하지 않는, 하지만 현존하는 그들의 관심사는 만족시키고 그들의 현재 의견을 승인받고자 하는 사람들에게 유리한 고유의 경향이 인터넷에 있다는 것이다. 게다가 상호 작용하는 특성은 텔레비전과는 다른 방식으로 상호간의 보강을 허락한다. 나는 통신망에는 진정한 탐구자들이 없다거나, 거기에서 새로운 것을 배우려 하는 사람들은 없다는 말을 하려는 것이 아니다. 이는 분명 터무니없는 것이 될 것이다. 내가 암시하려고 하는 것은 첫째 너무나 쉽게 지나쳐 버리기 때문에 우연히 발견하게 되는 어떤 사람의 생각을 정보가 확실히 검사 또는 정정할 수 없다는 것이고, 둘째는 잘못된 정보가 같은 것이 같은 것을 찾는 유유상종을 크게 강화할지도 모른다는 것이다. 이 주장이 함축하는 모든 것은 다음장에서 탐구될 것이다. 여기에서 요점은 인터넷 또는 더 나아간 인터넷의 발달이 민주주의에서 불합리한 정치적 의견이나 행동을 저지하는 도구로 작용할 것을 기대할 아무런 이유도 없다는 것을 관찰하기만 하면 된다. 그와 반대로 불합리성이 강화될지도 모른다.

이같은 이유로, 앞장에서 마지막으로 다룬 생각의 하나인 인터넷 전역에 걸친 더욱 거대한 의사소통이 **도시** 내에 좀더 광범한 여론 형성을 이끌 것이라는 생각 역시 내가 보기에 실현성 없는 희망이다. 바로 더 큰 분열, 무정부 상태라 불릴 이유가 있는 분열이 있을지도 모른다. 어쩌면 그게 더 가능성 있을 것이다. 이 짧은 소견은 사실 드디어 다음장에서 담구할 새로운 논제의 시작을 알리는 신호가 된다. 그러나 우선은 인터넷의 출현으로 민주주의자가 다시 한 번 걸게 될 희망은 지나치게 낙관적으로 보인다고 기록하는 것으로 충분하다. 광범한 여론은 그저 정치적인 논쟁의 하나의 가능한 결과일 뿐이다. 또 다른 결과는 무정부 상태이다. 그러나 다음 논제로 넘어가기 전에 민주주의에서 인터넷의 잠재적 역할에 관해 우리가 도달했던 결론을 요약하는 것이 유용할 것이다.

이 장에서는 거의 보편적으로, 또 대부분 아무런 의심 없이 수용해 온 이상인 민주주의의 이상이 당면한 몇몇 문제들을 다루었다. 우리는 이것을 수용함에도 불구하고 이 문제들이 실제하고 또 헤아리기 어려움을 보았다. 인터넷이라는 혁신적인 기술이 제기한다고 그럴듯하게 생각될 수 있는 것이 둘 있다. 첫째는 현실이 우리로 하여금 말하자면 차선책으로 채택할 것을 요구하는 대의 제도와 대중 민주주의 간의 격차이다. 전자 우편과 인터넷이 우리에게 주는 더욱 효과적인 의사소통 및 연설 방법은 일반 대중들 사이에서, 또 정치적인 집회에서 정치적 논쟁을 시작하고 논쟁에 영향을 미치는 데 쓸 강력한 수단을 제공한다고 생각하는 것은 합당하다.

이 격차를 메울 필요와 그렇게 할 수 있기를 바라는 것은 대부분 당연시되는 문제들이다. 그러나 우리가 봤듯이 그것들은 민주주의는 본질적으로 높이 평가되는 어떤 것이라는 가정 위에 있으며, 이것은 충분히 의문해 볼 이유가 있는 가정이다. 사실 민주주의는 (과거의 비평가들이 주장했듯이) 정치적인 업무를 수행함에 있어서 합리성보다 평등성을 우선시하고, 가장 심한 독재자에 못지않게 전제적일 수 있는 다수결이라는 절대적인 규칙을 시인하며, 또 국민들이 자기가 자신의 정치적인 주인이 되었다고 생각한다면 '국민'을 미혹에 빠뜨린 방식으로 권력을 분산시키는 제도이다.

이 마지막 문제에서 민주주의는 권력뿐만 아니라 영향력의 중요성에 대해 다시 한 번 초점을 맞춤으로써 약간의 지반을 회복할 수 있다. 자유로운 사회에서 시민의 역할은 투표함이나 국민 투표를 넘어 정치적 의견을 형성하고 특별한 근거를 제시하는 영역으로까지 확대된다. 영향력을 미치는 영역으로 이런 식으로 접근하는 것은 직접적인 투표권의 행사만큼이나 중요한 민주주의의 일부이며, 그것은 더욱 즉각적이고 효율적인 의사소통 및 표현 수단을 더욱 광범위하게 이용할 수 있게 됨에 따라 인터넷 기술이 일반 시민들에게 증대된 접근을 허용하는 영역이다. 이런 식으로 인터넷 기술은 민주주의의 주요한 결함 하나——그것이 대중적인 권력에 대해 갖는 환상——를 개선할 것으로 기대된다.

그러나 같은 기술이 민주주의 이론의 중요한 두번째 문제——합리성보다 평등성 선호——에는 전혀 역점을 두지 않는다. 민주주의 이론가들은 정보가 더 널리 유포되고, 공개 토론을 위한 토론회의 규모가 더 커짐에 따라 주요한 사회적 · 도덕적 · 정치적 문제들에 대한 폭넓은 여론이 더욱 더 분명해질 것으로 추정하는 경향이 있다. 이것은 지지하기 힘든 가정이다. 논쟁과 토의가 차이를——바로 공개 토론 과정이 없었다면 잠복한 채로 있었을 차이를 평범한 것처럼 쉽게 폭로할지도 모른다. 이렇다고 할지라도 시민들의 접근이 증가한 더욱 규모가 큰 공개 토론회에서 합의의 출현이 인터넷이 될 수 있을지 묻는 것도 일리가 있다. 그것의 바로 그 성질에 의해 그것이 같은 생각을 갖는 사람들 사이에서 관심과 의견을 강화하는 것을 장려하는 경향이 있기 때문이다. 그렇다면 우리가 그 미래에 대해 숙고하는 한 인터넷이 사회적 합의를 조장할 것 같기보다는 사회적 분열을 더욱 증대시킬 것 같다고 생각하는 것엔 일리가 있다. 과연 외관상으로는 더욱 놀라운 주장——인터넷이 도덕적 무정부 상태로 이끌 것이라는——을 진지하게 받아들일 몇 가지 이유가 있다. 이것이 우리가 이제 다루려는 주제이다.

5

무정부 상태로서의 인터넷

인터넷에 관계된 것들을 탐색하다 보니 우리는 극에서 극으로 온 듯하다. 진정으로 민주적인 사회에 이르는 수단이 될지도 모른다는 낙관적 견해로 앞장을 시작했지만, 이 장은 인터넷은 무정부 상태를 낳기 십상이라는 비관적 주장으로 시작하고 있다. 그러나 우리의 연구를 그런 식으로 해석하는 것은 왜곡된 견해일 것이다. 앞장의 요지는 민주주의가 보통 이해되는 것처럼 무조건 감탄할 만한 이념은 아니라는 것을 보여 주었다. 만약 이것이 옳다면 인터넷이 민주주의를 새롭고 더욱 강렬한 형태로 이해하는 데 실패한 것은 본질적으로 실패가 아니며, 민주주의가 그렇게 해주기를 기대할 수 있을 것이라는 '낙관주의' 는 대상을 잘못 선정한 것이다. 그것이 미래파적 견해에 의거하기 때문이 아니라 민주주의의 이상을 둘러싸고 있는 실질적이고 철학적인 난점 때문이다. 마찬가지로 인터넷이 결국 무정부 상태를 가져올 것이라는 예견은 무정부 상태를 몹시 혐오하는 상황에서만 '비관론' 으로 기술되는 것이 공정함을 인정하는 일이 중요하다. 어쩌면 우리가 무정부 상태를 받아들이는 일반적으로 비우호적인 견해는 일반적으로 민주주의를 받아들이는 무조건적으로 우호적인 견해보다 더 나을 것 없는 데 근거하고 있다.

긍정적인 무정부 상태와 부정적인 무정부 상태

사실 '무정부 상태' 라는 개념은 긍정적인 것과 부정적인 것, 두 가지로 이해될 수 있다. 그리고 그 두 견해 모두 정치철학에서 등장한다. 프루동과 크로포트킨 같은 유명한 무정부주의자들의 생각인 긍정적인 개념의 무정부 상태는 정부의 부재를 의미하며, 정부의 부재는 국가의 강압적인 힘으로부터의 해방을 의미한다. 그것이 환영받는 것은 바로 이런 이유이다. 무정부 상태는 해방이다. 긍정적인 것 못지않게 부정적인 (그리고 더욱 평범한) '무정부 상태' 의 용례는 정부의 부재를 의미하기도 한다. 그러나 그것은 존 로크(1632-1704)가 그의 《시민 정부론》에서 구별해 놓은 것을 이용해서 이것을 무법 상태, 곧 자유가 아닌 방종의 통치 양식으로 해석한다. 요컨대 무정부 상태에 관한 긍정적인 개념이건 부정적인 개념이건 모두 동일한 서술적 근거——국가 없는 사회——를 갖지만, 한쪽에서는 이것을 환영할 상태로 간주하는 반면 다른 한쪽에서는 그것을 걱정되는 상태로 간주한다.

우리는 어떤 관점을 취해야 할까? 무정부 상태를 긍정적 이상으로 찬성하는 논증을 철학적으로 진지하게 천착하는 일은 좀처럼 없다. 아마도 정치적인 이상으로서의 그것은 일반적으로 명백히 비현실적이라고 생각되는 때문인 듯하다. 그러나 최소한 긍정적인 무정부주의자에게 유리하게 이야기되는 것이 있다. 인간에게 고통을 주는 가장 강력한 동기가 되는 것은 과거에도 현대에도 정부였다는 것이다. 어떤 범죄 단체나 무정부주의자의 모반도 스탈린이나 히틀러·마오쩌둥·폴 포트하의 국가 기관에 의해 가능했던 정도의 공포와 고통을 만들어 내는 데 근접한 적이 없었으며, 이들은 짧은 동안의 역사에서 뽑은 실례들이 있다. 국가가 없는 사회가 이와 같은 국가를 갖는 사회보다 더 나쁠 것이라는 것은 정말 사실일까?

무정부 상태에 반대하는 사람들, 즉 부정적인 의미를 함축하는 것으로 무정부 상태라는 말을 사용하는 사람들은 최악의 사례를 가지고서 국가의 장점을 판단해서는 안 된다고 응수할지도 모른다. 그들은 또한 이론상 강압적인 국가는 확실히 바람직하지 않음을 인정하지만, 그러나 그것은 **필요**악이라고 주장할 것이다. 어느 누구도 다리 하나를 잃고 싶어하지 않지만 괴저가 퍼지는 것보다는 이것이 더 낫다고. 이것은 잘 알려진 논쟁의 한 경향으로, 유명하게는 토머스 홉스에게서 찾아볼 수 있다. 합법적 강압에 의한 독점자로 정의된 국가는 정의를 확립하고 수행하기 위해서, 그리고 무고하고 약한 자들을 보호하기 위해서 만인의 만인에 의한 끊임없이 계속되는 전쟁을 막을 필요가 있다.

이번에는 긍정적인 무정부주의자가 이 논쟁은 문제점을 증명하지 않은 채 진이라 가정하고 논하여 논점을 교묘하게 회피한다고 반박할지 모른다. 그 이론상의 용도가 무엇이든 국가 기관이 부정을 저지르고 약자를 착취하며 무고한 사람들을 해치는 데 이용될 수 있음은 있는 그대로의 엄숙한 사실이다. 이런 일이 일어날 때 강압 정치에 유능한 그 독점자는 사태를 악화시킨다. 국가의 공포 정치와 탄압은 약탈적인 갱이나, 심지어는 마피아가 할 수 있는 그 어떤 일보다도 개인과 사회에 훨씬 더 해롭다. 그렇다면 무정부주의자의 현안은 부패하면 대단히 파괴적인 제도를 성립 또는 유지시키는 것이 현명한지 하는 것이다.

이 장의 주요 목적은 무정부주의자와 국가 옹호자 간의 논쟁을 해결하려는 것이 아니다. 전술한 문단에서 제시하는 것은 첫째 무정부주의는 두 가지로 상이하게 전망해 볼 수 있으며, 둘째 그것을 긍정적으로 보는 사람들의 견해에 어떤 근거가 없지는 않다는 것이다. 이들 의견은 단지 여기에서 우리가 관심을 갖는 중점이 되는 의문——즉 "인터넷의 등장이 무정부 상태 쪽으로 한걸음 나서게 하는가?"——을 어느 정도 진척시키는 예비 행위일 뿐이다. 그렇다면 우리는 그것을 환영할지 두려워할지 알기 전에 이것이 어느 의미의 무정부 상태인지를 물어봐야 한다.

인터넷의 국제주의와 대중주의

이미 논의된 특징들에 추가해서 인터넷은 두드러진 두 특징이 있다. 그 것은 국제주의과 대중주의이다. 인터넷의 국제주의는 단지 그것이 국가를 넘어 사람들을 이어 준다는 사실에만 있는 것이 아니다. 인간의 여러 가지 고안과 행동이 이 일을 하기 때문이다. 요점은 오히려 인터넷의 이용과 탐험은 전적으로 국가간의 경계에 **무관심**하다는 것이다. 그렇지 않다면 서로 모를 사람들이 국적과 무관한 공동의 관심사에 의해서 연결된다. 이 점에 있어서 인터넷은 철학자들이 '시민 사회'라 칭하는 것과 뚜렷이 대 비된다. 시민 사회의 특징은 하나의 정치적 규칙이나 영역 안에서 사람들 을 결합함으로써 낯선 사람들을 이어 주는 것이다.

다른 이유가 없다면 단지 이 이유로 해서 인터넷은 정치적으로 파괴적 인 잠재력을 갖는다. 이 전복의 형식은 그러나 헤아리기 어렵다. 첩자들 같은 사람이 이제 그들의 정치적 고용주와 거의 탐지가 불가능한 의사소 통 형식을 갖는다(그것이 사실이고 중요할지 모른다)거나 테러리스트들이 상대적으로 안전하게 정보를 교환할 수 있다(역시 실제하는 불안의 원인) 는 것뿐만 아니라 통신망상의 모든 상호 작용이 국경과는 무관하게 일어 나고 있다는 것이다. 국제 관계 분야는 지금까지 주로 국가들간의 관계에 대한 문제였기 때문에 이것이 의미하는 바는 국가들이 심지어는 **제휴를 하더라도** 거의 또는 전혀 통제할 수 없는 교신과 협력이 이루어지는 영역 이 급성장하고 있다는 것이다. 이것은 현재 사실이다. 그것이 그렇게 남아 있어야 할지의 여부가 다음장의 주제이다. 그러나 당장은 인터넷이 국가 에 의해 충분히 통제되지 않고 방치되어 있으며, 국가의 권위는 국가의 힘과 동일하지는 않을지라도 간접적으로 그 힘에 의거하기 때문에 인터넷이 국가에 무관심한 활동 영역을 창조해 냄으로써 국가의 힘을 감소시킬 가능성은 동시에 정부의 권위를 감소시킬 가능성이라고 기록할 수 있다. (긍정적인 의미에서의) 무정부주의자가 인터넷을 환영하고 다른 사람들이 인터넷을 두려워할지도 모르는 것은 바로 이런 이유 때문이다.

  인터넷의 두번째 특징은 그 대중주의이다. 내가 이 말로 '대중성'을 의미하는 것이 아니다. 인터넷은 확실히 대중적이지만 그것의 **대중주의**는 인터넷에의 접근이 획득하기 점점 더 쉬워지고 있는 기술적 장비 및 실제적 지식에 의한 것을 제외하고는 구속받지 않는다는 사실에 있다. 그밖에 인터넷의 대중주의는 인터넷의 국제주의에 못지않게 피상적인 수준이 아닌 심오한 수준에서 생김을 이해하는 것이 중요하다. 지금으로서는 인터넷을 탐험하거나, 더욱 중요하게는 거기에 글을 올리는 데 어떤 자격도 요구되지 않으며, 또 그런 자격이 없을 경우에 글을 올리는 것을 막는 아무런 검열 제도도 없다. 비록 그 어느것도 아직 효력을 발휘하지는 않지만 확실히 검열 형식들에 관한 제안은 있었다. 그러나 이것들은 일반적으로 구체적인 목적——예를 들면 음란물의 제한——을 갖고 있으며, 전반적으로 접근을 억제하거나 통제하려는 것은 아니다. 사실 정보 기술을 주도하는 대부분의 정부는 많은 학교와 대학에서 널리 이용할 수 있는 정보 교환 컴퓨터를 만듦으로써 접근을 **늘리려고** 노력한다. 영리적인 단체들도 같은 방향으로 나아가고 있다. 전 세계에 걸쳐 회사와 기관들은 그들의 고용인들이 필요한 기술을 습득하는 것을 장려하고 또 비용을 대고 있으며, 인터넷 카페(나는 제한된 생활 혁신이라고 본다. 집에서 인터넷에 접속할 수 있을 때 누가 굳이 카페까지 가려고 하겠는가?)라는 시설로 인터넷을 사용하고 설치하는 비용이 크게 줄어든 것이 그 방식의 대중주의를 약화시키기는커녕 증강한다.

  무정부주의자를 부추기는 것이 바로 이 대중주의적 특성이다. 가장 비천한 사람들도 정보와 의사소통, 상호 작용, 창의성, 표현의 세계에 자유롭게 접근할 수 있는 새로운 국제 질서의 가능성을 제시하고, 그로써 같은 정도로 중요하게 그들이 그 세계를 형성하는 일에 직접 기여할 수 있는 듯 보이기 때문이다. 인터넷상에서 사람들은 자기들이 좋아하는 것을 마음 내키는 대로 말할 수 있다. 그들은 자신들만의 개별적인 관심과 선택에 따라 상호 작용하고 친분 관계를 형성한다. 그들은 정보를 교환하고 무엇이든 그들이 선택하는 것을 문의하고 조사하는 일을 수행한다. 이 모든 것을 하는 그들의 자유는 국경이나 국법에 의해 구속받지 않는다. 긍정적 무정부 상태의 궁극적인 실현은 이 그림에다가, 온갖 강압적인 힘을 가지고 있음에도 불구하고 금지하거나 통제할 힘이 없어 방관하는 실망스런 정부의 모습을 덧붙이기만 하면 완벽하다.

무정부 상태를 두려워할 상태로 보는 사람에게는 무정부주의자들이 칭찬하는 인터넷의 바로 그 특징들이 인터넷의 결점으로 보일 수 있을 것이다. 인터넷은 예를 들어서 더할나위없는 범죄 공모의 온상이며, 온갖 취미와 활동에 자유롭게 접근할 수 있게 함으로써 인간의 의욕에서 최저한의 공통분모만을 유발시킨다. 무정부 상태에 대한 긍정적인 생각과 부정적인 생각 간의 논쟁은 이렇게 아주 정도가 심해 보일 수 있다. 둘 다 정치·사회적으로 통제하기 어려울 정도로 개인의 지식과 자유를 확대하는 인터넷의 능력을 인정하지만, 전자는 그런 지식과 자유를 선의 원천으로 간주하는 반면 후자는 그것을 해악과 어쩌면 악의 근원으로 본다.

여기에서 구성된 두 극본 모두 확실히 공상적이지는 않을지라도 검토할 충분한 이유가 있는 두 가지 가정을 한다. 첫째 가정은, 인터넷은 무제한적인 정보의 범람이라는 것이며, 이에 아는 것이 힘이라는 일찍이 언급했던 무언의 가정이 결합한다. 두번째 가정은 자유란 개인이 관심을 갖는 것과 좋아하는 것을 방해받지 않고 추구하는 데 있다는 것이다. 만약 이것이 사실이라면 오직 자기 자신의 욕망만을 생각하며 통신망을 서핑하는 능력을 자유나 방종의 영역으로 간주할 수 있을 것이다.

지식과 '정보'

이들 가정 중 첫번째 것은 적어도 앞장에서 논의된 문제들 중 하나, 즉 정치적인 과정에서의 정보의 역할(과 그에 따른 영향력)과 관계된다. 그러나 더욱더 조사를 해도 좋을 그것의 다른 국면들이 있다. 인터넷에 열광하는 사람들——특히 교육자들과 그에 대해 상대적으로 거의 모를 다른 사람들——에게는 때때로 분명한 고지식함이 있다. 이것은 인터넷에는 엄청난 정보의 보고가 있다는 그들의 안이한 가정과 통한다. 그 가정은 '정보'라는 용어의 기술적 사용에 의해 현혹적으로 지속된다. '디지털 방식의 정보'라는 표현에서 '정보'라는 단어는 그 가장 적나라한 의미로 사용되어, 화면에 문자와 영상을 만들어 내기 위해 만들어질 수 있는 일련의 전자 자극을 의미할 뿐이다. 이런 기술적 의미에서 정보는 인식론적으로 아무것도 암시하지 않는다. 그것은 그런 정보가 어떤 성실한 지식을 전달함을 암시하지 않는다. 보통 말할 때 '정보'란 인식론적으로 규범적인 용어이기 때문에 이것이 그렇게 오해하게 만드는 것이다. 새롭게 정보를 소유하는 것은 이제 우리가 이전에는 몰랐던 무엇인가를 안다는 것을 의미한다. 그러나 '디지털 정보'는 진실을 저장할 수 있는 만큼이나 통상적 의미에서 **잘못된 정보**를 저장할 수 있어서 그것이 만들어 내는 글이나 영상은 전적으로 오해를 불러일으키고, 지식보다는 잘못된 믿음을 만들어 낼 수 있다.

디지털 정보를 이른바 올바른 의미로 일컫는 정보와 혼동하는 것은 또 다른 지나친 고지식함으로 이끈다. 인터넷은 도서관과 정보 서비스 산업이 보통 그러하듯이 신뢰할 만하다는 것이 그것이다. 이것은 학생들에게 인터넷을 그들의 학업에 유용할지도 모르는 '자원'으로 여기도록 교육될 때 범하게 하는 잘못이다. 인터넷에서 무엇인가를 '찾는' 것은 《브리태니커 백과사전》에서 무엇인가를 찾는 것과는 다르다. 어디가 다를까? 《브리태니커 백과사전》은 특정한 목적을 위해서 만들어졌으며, 자료의 출처를 밝힐 수 있고, 인정받아 온 오랜 역사가 있다는 사실에 있다. 이 중 어느것도 인터넷 그 자체에 해당되지 않는다. 그것은 모든 또 어떤 목적을 포함하며, 밝힐 수 있든 밝힐 수 없든 어떤 또 모든 출처에서 가져온 것을 포함한다. 물론 거기서 발견되는 것에는 《브리태니커 백과사전》 같은 것들도 있지만, 인터넷의 어떤 사이트가 신뢰할 만하다는 사실에서 인터넷 그 자체로 인식론적 권위를 갖는다는 결론을 추론하는 것은 분명 잘못된 일이다. 인터넷은 그렇지 않다.

이것이 보여 주는 것은, 인터넷의 힘을 (인식론적으로 중요한) 정보를 전달하는 가치를 갖는 커뮤니케이션의 한 형태로 혼동하지 않도록 주의해야 한다는 것이다. 이런 구별을 무시하다 보면 인간에 관해 아는 것을 마구 경시하는 데 이르게 될 것이다. 인터넷의 부정할 수 없는 모든 장점들은 그것을 지식 및 학문의 도구로 만드는 만큼이나 거짓과 잘못된 정보를 얻는 강력한 도구로 만든다.

어떻게 후자를 피하면서 전자를 확고히 할 수 있을까? 가장 명확한 대답은 바로 우리가 다른 매체를 다루듯이 인터넷을 다루어야 한다는 것이다. 우리는 어떤 신문과 방송국을 다른 신문이나 방송국보다 더 신뢰할 수 있는 것으로, 어떤 정부가 산출한 통계는 다른 정부가 산출한 것보다 더 신용할 수 있는 것으로, 어떤 기관의 조사와 보고는 다른 기관의 조사와 보고보다 더 나은 데 근거하는 것으로 간주한다. 거의 모든 판단은 사전 지식과 습득된 평판의 도움에 의지해 이루어진다. 만약에 내가 그 선정성으로 이름이 알려진 신문에서 타슈켄트의 '과학자들'이 (예를 들어서) 화성인들이 착륙 지점을 발견했다는 것을 읽는다면 나는 그 주장을 회의적으로 생각할 것이다. 만약에 내가 《워싱턴 포스트》지나 런던의 《타임스》지에서 매사추세츠공과대학의 물리학자들이 저온 핵융합 쪽으로 주목할 만한 진일보를 내디뎠다고 믿는다는 기사를 읽는다면 내가 그것이 시사하는 것을 아무리 놀랍게 생각할지라도 나는 그 보도를 중시할 것이다. 그 차이는 몇몇 '포스트모더니스트들' 이 우리에게 믿게 만들려는 것처럼 임의로 어떤 자료를 다른 자료보다 더 편애하는 편견이나 인습의 문제가 아니다. 비록 내가 직접 타슈켄트로 가서 증거를 조사할 수 없고 저온 핵융합에 관한 주장이 우선적으로 진술될지라도, 그 주장이 있게 된 근거를 거의 이해하지 못하더라도 사전 지식은 내게 어떤 신문의 경우에는 시선을 끄는 표제를 붙일 수만 있다면 정확성에 무관심함을 가르쳐 주고, 또한 평판은 내게 매사추세츠공과대학은 진지한 과학 시설임을 알려 준다. 이 모든 것은 앞의 기사는 무시하고 뒤의 기사는 어느 정도 믿을 충분한 이유가 된다.

그런 참작을 하더라도 문제는 해결되지 않는다. 타슈켄트에 화성인이 착륙한 증거가 정말 있을지도 모르고, 매사추세츠공과대학의 착실한 과학자일지라도 제정신을 잃을 수 있다. 저온 핵융합은 기만적인 전망임이 과거에 입증되었다. 그러나 거의 모든 다른 예에서와 마찬가지로 이 예에서 우리를 분별 있는 믿음으로 안내하는 유일한 지침은 개연성이다. 유용한 증거는 아주 희귀하다. 그러나 여기에서 강조되는 중요 사항은 신문 기사를 읽어서는 그런 개연성을 판단해 낼 수는 없다는 것이다. 그것은 더 넓은 맥락에서 우리가 이미 알고 있는 것에 비추어 이루어져야만 한다.

인터넷에 대해서 역시 마찬가지이다. 우리가 거기에서 발견하는 것은 지식과 신뢰성 있는 정보라는 관점에서 볼 때 다른 곳에서 알게 된 것들과 대조해서 그것을 검사할 수 있는 한에서만 가치가 있다. 만약 내가 인터넷에서 프랑스 국유 철도 회사의 공식 열차 시간표를 불러낸다면 나는 거기에서 발견한 기차 시간은 믿을 수 있다고 생각할 충분한 이유가 있다. 인터넷 자체에 대해 아는 어떤 것 때문이 아니라 프랑스 국유 철도 회사의 지위와 확증된 목적에 관한 나의 사전 지식으로 판단해 이를 안다. 되풀이해서 말하지만 그렇다는 것이 내가 거기에서 발견한 것으로부터 잘못된 정보를 얻게 될 가능성이 전혀 없다고 말하는 것은 아니다. 성실하게 발표된 공식적인 열차 시간표에도 오류는 있을 수 있다.

비밀 엄수에 사로잡히고 지식이 가져다 주는 힘을 계속해서 독점하려는 정부의 강요에 구속당하지 않는 지식의 보고이자 가치 있는 정보의 교환 장소로서의 인터넷에 대한 다소 터무니없는 묘사는 무정부주의자의 꿈의 싫지 않은 변형이다. 그러나 그럼에도 불구하고 그것은 심각한 허위 진술이다. 우리가 인터넷에서 찾는 것이 우리가 다른 출처의 경우 관례적으로 이용하는 통상적인 점검을 받게 할 수 있는 한 인터넷은 지식과 정보의 귀중한 출처이며, 그 규모도 그것을 이용하는 개인의 자유도 이 사실을 바꾸지 않는다. 요컨대 인터넷의 자료는 그 출처만큼이나 신뢰할 수 있기도 하고 또 신뢰할 수 없기도 하다.

그렇다면 인터넷은 정확히 말해서 정보의 원천이 아니고 매체일 뿐이다. 그러나 재미있게도 매체의 성격 그 자체가 정보의 원천으로서의 그 가치를 손상시킬지도 모른다. 과연 인터넷을 대단한 것으로 만드는 특징──완전 자유로운 이용 방법──은 바로 이 일을 행하는 특징이라고 주장할 수 있을 것이다. 우리가 탐구하고 있는 사례에서는 있을 법하지 않은 것으로부터 있을 법한 것을 가려내는 중요한 부분은 출처의 신뢰성을 평가하는 데 있는 것으로 보였다. 다음에는 이것이 그런 출처를 밝힐 수 있어야 하고, 또 이것은 인터넷에서의 그 모습 이외의 맥락에서 확인 가능하다는 의미여야 한다. 이것이 항상 가능한 것은 아니며, 개인 혼자일 경우에는 현저히 불가능하다. 개인이 인터넷에서 전적으로 거짓된 또는 가상의 인물을 창조해 내고, 다른 사용자들이 그들이 만나 마음이 끌리고 있는 것이 독특한 신념과 취미를 가진 실재하는 사람이라고 생각하도록 속이는 일이 가능하고, 또 그러한 일이 있는 것으로 알려져 있다.

　이 가능성의 완전한 의미는 논쟁의 나중 단계에 나오는 논제이지만 여기에서 강조되어야 할 중요한 점이 있다. 캘리포니아에 사는 개업의사의 사이트라고 주장하는 한 사이트를 내가 인터넷에서 우연히 발견한다고 상상하라. 나는 '대화'를 시작하고, 우리는 사적인 정보와 의견을 교환한다. '친목'이 발전되어 나는 캘리포니아와 미국 의학계의 소식을 알려고 정기적으로 그 사이트를 불러낸다. 주고받은 정보가 아주 정연하고 이치에 닿으면 나는 귀한 정보원을 갖고 있었다고 쉽게 믿을 수 있으며, 다른 친구들에게 그곳 날씨나 최근에 발견된 지금까지 알려지지 않은 생소한 질병에 관한 '사실들'을 이야기할지도 모른다. 그러나 그렇게 기술된 이 극본에서 겨우 세 동네 떨어진 곳에서 사는 이전의 무선 통신 아마추어 무선기사가 꾸며낸 이야기인 나의 '캘리포니아 의사 친구'와 일치하지 않는 것은 없다.

　이 사례가 증식해서 모든 가상의 인물들이 연결되어 철저히 가상적인 하나의 인물이 존재하게 되는 것을 상상하기란 어렵지 않다. 지금 한 사람의 성실한 사용자가 비현실적인 세계에 휘말리게 되고, 그 세계의 비현실성은 그 출처의 정체에 관해 아는 바를 외부에서 조사받도록 강요하지 않는다는 사실에 있다. 우리가 여기에서 경험하는 것이 '가상' 현실의 시작인지 하는 것은 뒤에 오는 장에서 다룰 논제이다. 현재로서는 이 명백한 가능성이 정부의 구속을 받지 않는 정보의 범람을 허용함으로써 일반 시민들에게 허용할 지식을 제공할 것으로 기대할 수 있는, 의사소통 및 정보 교환의 매체로서의 인터넷의 개념을 드러냄을 관찰하는 것으로 충분하다. 다른 '시민들'과의 관계에서 개인 서퍼들 역시 환상과 미혹의 세계에 휩쓸릴 위험이 있기 때문이다.

　전자는 **바로** 후자만큼이나 있음직하다고 말하는 것은 잘못일 것이다. 가능성이 어떻게 되는지를 평가하는 것은 불가능하다. 아마 자유롭게 확인할 수 있는 인터넷 사이트의 거대한 절대 다수는 그럼에도 불구하고 성실하며 또 그렇게 남을 것이다. 그러나 요는 인터넷에서 국가의 간섭 없이 자유롭게 참가한 의견 교환은 지식과 그에 따른 개별 시민의 힘을 늘리는 진정한 의견 교환으로 **추정**될 수 없는 것이다.

지식은 힘

'……그리고 **그에 따른 힘**……' ——어쨌든 이것은 이치에 닿는 추론인가? 낯익은 표어 "아는 것이 힘이다"는 경험과학의 발전상 가장 영향력 있는 인물 중 하나인 프랜시스 베이컨(1561-1626)이 한 말로, 기술에 대한 그의 사상은 이미 간단히 살펴본 바 있다. 그러나 그것이 사실인가, 만약 사실이라면 어떤 영역에서 그런가? 무엇인가를 아는 것이 우리의 행동 능력에 중요한 차이를 만들어 낼 수 있고, 계속해서 무지 상태에 있는 것이 우리를 상대적으로 무능하게 만들 수 있는 상황을 상상하기란 어렵지 않다. 그러나 그런 상태로 존재하는 것에서부터 우리가 아는 것이 힘이라는 보편적인 신조를 끌어내 일반화할 수는 없다. 때로는 그렇고 때로는 그렇지 않다. 비록 '아는 것'이란 경의를 표하는 말이지만 사실 우리는 하찮고 쓸모없는, 곧 알 **가치**가 없는 사물들에 대해 성실한 지식을 가질 수 있다. 반대로 내가 앞장에서 진술했듯이 중대한 순간을 알게 되었을 때 우리가 거기에서 그에 대해 할 수 있는 것이 아무것도 없기 때문에 우리를 좌절에 빠뜨릴지도 모르는 것 역시 사실이다. 보스니아에서의 갈등이 한창일 때 세르비아의 이슬람교 소수민들이 그들의 곤경을 상세히 방송하는 것을 막으려는 조치들이 취해졌다. 인터넷이 구조하러 왔으며, 세르비아 당국의 철저한 노력에도 불구하고 무슨 일이 벌어지고 있는지에 관한 중요한 정보가 서방에 전해졌다. 이것이 어떤 지역에서는 아무리 많은 무장 세력으로도 침묵시킬 수 없는 억압받는 사람들의 목소리가 되어 주는 인터넷이 갖는 힘의 증거로 보도되었다. 그러나 그 모든 일에도 불구하고 정보를 얻은 사람들이 돕기 위해 할 수 있는 것이 거의 없다. 그들은 진짜 잔혹 행위에 대해 알 수 있게 되지만 그들의 지식은 적절한 힘을 가져다 주지 않았다. 텔레비전과 학생 운동이 있던 때에 세계 전역에 신속히 모습을 드러낸 천안문 광장의 유명한 사진들에 대해서도 같은 이야기를 할 수 있을 것이다. 우리는 그것에 관해 **알았**지만 아무것도 **할** 수 없었다.

이 경우의 양 측면 모두 과장하지 않는 것이 중요하다. 아주 많은 경우 인터넷의 자유가 보통 사람들의 지식과 이해를 사상 초유의 방식으로 증가시키는 것은 사실일지도 모르며, 그것들은 그들이 영향을 받는 정치 · 사회적인 일들을 포함해 그들 자신의 일에 대해 발휘된다. 그것은 인쇄기의 경우에도 분명 해당했다. 그렇지만 인쇄기의 사례가 충분히 설명하듯이 이 일이 일어날 것 같은 정도에는 한계가 있다. 인터넷의 차이는 정치적인 통제를 벗어나는 능력에 있는 것으로 상상되는데, 그것은 인쇄는 할 수 없거나 같은 정도로 할 수 없는 것이다. 그러나 우리가 봤듯이 인터넷은 (진실한) 정보의 전달을 돕는 만큼이나 속이는 일도 도울 수도 있어서, 중요한 것과 진실된 것을 드러내는 데 유용한 만큼이나 하찮은 것과 거짓된 것을 퍼뜨리는 데에도 유용하다. 이런 내적인 특징이 정부의 통제에 따르는 정도와는 별도로 인터넷의 가치의 한계를 충분히 평가하게 한다.

그렇다면 정보의 전파와 지식의 전달, 그리고 이것이 일반 사람들에게 쥐어 주는 힘이 인터넷의 장점이라고 보는 무정부주의자의 바람에 대한 중요한 단서가 있다. 그러나 이 단서는 인터넷이 내부적으로 초래하는 제한은 국가의 통제가 이전의 모든 형태의 의사소통에 부과했던 제한보다 훨씬 덜 한정적이라는 주장과, 나아가서 그것은 사실 실질적으로 아무런 의미도 없다는 주장과 논리적으로 일맥상통한다. 다시 말해서 인터넷의 자유가 무제한적인 것은 아니지만 실제로 그 제한이 지적인 사용자를 중요하게 제한할 것 같지는 않다. 이것은 인터넷이 사실상 어떻게 작동하는지에 대한 경험론적인 주장이자 그것이 앞으로 어떻게 될지에 대한 추측이라는 점은 주목되어야 한다. 미래에 대한 그같은 주장은 평가할 수가 없다. 그러나 인터넷이 발전함에 따라 가능한 결과 하나는, 국가의 개입과 규제에서 벗어난 지식과 정보의 교환 매체로서의 인터넷의 성격이 잘못된 정보와 거짓된 생각을 전파하는 그것의 내적인 능력보다 매우 중요하다는 사실이다. 이 **있음직한** 결과가 **실제** 결과라고 하자. 그러면 우리는 무정부 상태에 대한 긍정적인 시각이 마침내 실현되는 것이라고 해야 할까? 아니면 부정적인 의미에서 무정부 상태가 다가오는 것에 불안해해야 할까? 이것은 시작할 때 개괄한 두번째 가정——자유는 개인이 관심을 갖는 것과 선호하는 것을 구속 없이 추구하는 것으로 이루어져 있다——으로 우리를 데려간다.

자유와 이성

철학자들은 자유의 개념에 대해 엄청난 길이의 글을 써 왔다. 자유에 대한 가장 간단한 개념은 욕망의 제약 없는 추구이다. 다시 말해서 내가 만약 외부의 방해 없이 원하는 것을 가질 수 있으면 나는 자유롭다. 이것이 우리가 토머스 홉스(1588-1679)에게서 발견하는 자유의 개념이다. 그와 반대로 그저 절실한 욕망에 내몰린 행동은 자유로운 것이 아니라는, 사람들은 외부의 힘 못지않게 내부에서 발생한 욕망의 노예가 되기 쉽다는 이마누엘 칸트(1724-1804)의 주장이 있다. 이 두번째 개념에서 이른바 행동의 자유는 이성에 그 기원을 두어야 한다. 오직 이성적인 행동만이 마땅히 자유롭다고 일컬어진다.

이 의견 상위의 배후에는 간단히 해결하거나 심지어는 이야기될 수 없는, 그리고 어쨌든 지금 연구중인 주요 쟁점으로부터 우리를 아주 멀어지게 할 도덕심리 및 이성철학상의 아주 광범위한 문제들이 있다. 그러므로 여기에서 유용하게 이야기될 수 있는 것은 그 문제를 적절히 다루기에는 부족할 수밖에 없다. 그럼에도 인간 경험의 낯익은 사실들에 대한 우리의 토론을 진전시킬 **무엇인가는** 논의될 수 있다.

자유의 단순한 개념이 갖는 매력은, 부분적으로 부자유는 우리가 원하는 것을 함에 있어 외적인 제약이라는 형태를 취할 수 있다는 사실에서 비롯한다. 투옥이 분명한 예이다. 나는 나가고 싶지만 그럴 수 없다. 이 것은 자유롭지 않은 것에 대한 모범 사례인 듯하다. 동시에 자유는 단순히 우리가 욕망하는 바를 얻을 수 있는 것에 있다는 일반적인 주장의 근거로 이것을 사용하는 것은 다른 사례들과 충돌하는 듯이 보인다. 나는 바보같이 보이고 싶지 않기 때문에 내가 생각하는 것을 자유롭게 말하지 못할 수도 있다. 내가 다른 사람들의 반응에 마음을 덜 쓰기만 하면 나는 좀더 자유로울 것이다. 이 경우 내 자유에 장애가 되는 것은 외부적인 것이 아니라 내부적인 것, 곧 곤혹스러움을 피하고자 하는 나의 욕구이다. 또는 이 사례를 보라. 나는 내가 담배를 안 피우는 것이 더 좋을 것이라고 생각하지만 매번 담배를 끊으려 하는 나의 시도는 담배에 대한 욕구에 굴복한다. 다시 한 번 장애가 되는 것은 외부적인 것이라기보다 내부적인 것으로 보인다.

이 마지막 예는 칸트의 자유 개념이 중요시하는 유형의 사례이다. 담배에 대한 욕구는 절실한 욕구이지만 그것은 내가 해야 한다고 생각하는 것을 하는 것을 중지시킨다. 마찬가지로 자유의 범례가 되는 사례는 좋고 나쁜 것, 옳고 그른 것에 대한 나의 신중한 평가에 따라 있는 그대로 행할 수 있는 것으로 보인다. 나는 담배를 피우는 것은 나쁘다고 판단하고, 내가 진정 자유롭다면 나는 이 판단대로 행동할 수 있을 것이다. 그러나 짐승 같은 욕망은 방해된다. 이 예에서는 내가 원하는 것——즉 담배——

을 얻는 것은 자유의 예가 아니라 예속, 곧 내 욕망에 예속되는 것이다. 그러나 이 예는 얼마간 과소평가된다. 우리가 여기에서 다루는 것은 이성과 욕망 간의 직접적인 갈등이 아니다. 이 예를 기술하는 또 다른 방법은 내가 담배를 원하는 동안 나는 또한 금연도 원한다고 말하는 것이다. 그 결과 갈등의 '이성' 측면을 욕망 역시 기대한다.

그러나 이것이 우리에게 욕망의 제한 없는 추구로서의 행동의 자유에 대한 단순한 홉스의 개념으로 되돌아가게 한다고 가정하는 것은 잘못일 것이다. 내가 방금 기술한 갈등은 욕망간의 갈등일지도 모르지만 그것은 우리가 '지도된 것'과 '지도되지 않은 것'이라고 부를 수 있는 것들 간의 갈등이다. 담배를 끊고자 하는 욕망은 지도된다. 그것은 내가 위험과 영향력을 생각하고, 건강을 희생하는 대가로 담배 피우는 것이 주는 쾌락을 가늠한 결과이다. 그렇다면 이성과 욕망 간의 대립은 너무나 단순한 것으로 보인다. 우리가 갖는 욕망 중 어떤 것은 바로 우리가 생각을 하기 때문에 갖는다.

이것을 좀더 세련된 말로 나타내는 또 다른 방법은 나는 담배를 피우고 **싶어하는** 한편 금연을 **선호한다고** 말하는 것이다. 나는 '선호'라는 단어를 좀더 야만적인 동기들——기아·공포·분노 등——과는 다른 일종의 반성적인 평가 요소를 갖는 인간의 동기——흥미·호기심·자비심 등——를 나타내는 포괄적인 용어로 사용할 것이다. 이런 의미에서 선호는 비록 지식과 이해에 의해 형성된 것이라 할지라도 단순히 '순수' 이성에 대한 진술이 아니다. 그것은 인간이 느끼는 것이 자연스러운, 지도되지 않은 충동과 욕망에서 유래한다. 그렇다면 나는 자유란 우리가 선호하는 것에 따라 선택할 수 있는 것으로 이루어져 있다고 말할 것이다. 이것은 욕망의 중요한 요소를 격하하거나 아주 무시하는 것이 아니라, 그 동기를 부여하는 힘을 결국 우리의 도덕심리의 요소이기도 한 더 큰 맥락의 이성에 의거한 심사숙고와 협의 안에다 위치시킨다.

어떻게 욕망이 선호되도록 지도되는가? 간단한 대답은 '교육'이며, 대부분의 교육은 사회화의 결과로 일어난다. 분명히 사회화가 크게 확립되기 전, 어쩌면 시작되기 전에도 인간에게 욕망이 있었으며 그것은 인간의 행동을 설명하는 데 도움이 된다. 갓 태어난 아기들은 본능적으로 음식과 온기를 **원한다.** 사회화 과정이란 그런 욕망을 선호로 순화하는 것으로 해석될 수 있을 것이며, 이것은 적어도 부분적으로는 기본 욕망이 외부의 영향에 복종하는 과정에 의한다.

예를 들어서 목소리를 내고자 하는 욕망은 이런 의미에서 타고난 또는 기본적인 것이다. 그것이 없으면 인간은 언어를 습득할 수 없을 것이다. 그러나 소리를 내고자 하는 욕망 그 자체는 말 그대로 논리가 일관되지 않는다. 그것은 그것이 표현의 한 형식이 될 수 있게 하는 창작된 것이 아니고 유전된 언어를 습득하는 것으로 이루어졌을 뿐이다. 우리는 (거의) 누구나 말하고자 하는 천부의 욕망을 갖고 있지만 말하는 방법을 배워야 하며, 이것을 배우는 것은 타고난 자기 표현 충동을 언어를 말하는 사람들로 된 공동체에서 가르치는 교과에 굴복시킴을 의미한다고 말할 수 있을 것이다.

학습이란 이런 의미에서 사회화이며, 사회화는 때때로 사회적 조건 반사화에 속한다. 그러나 두 용어를 바꿔 쓸 수는 없다. 사회적 조건 반사화는 파블로프의 유명한 개——원인이 되는 작용에 의한 타고난 충동의 훈련——를 떠올리게 한다. 대조적으로 사회화는 조건 반사화가 아니라 **형성** 과정, 즉 타고난 충동들이 형태를 갖추며 세련되고 지도되는 과정이다. 물론 이것이 일종의 순종을 수반한다는 사실은 '자유로운' 충동들이 제한되며 길들여지고 있는 것으로 보이게 할 수 있다. "사람은 자유롭게 태어난다"는 유명한 문장으로 시작하는 장 자크 루소(1712-78)의 《사회계약론》은 계속해서 말한다 "그런데 도처에서 그는 사슬에 묶여 있다." 루소의 주제는 바로 우리가 여기에서 관여하는 것이 아니다. 그 문장은 잘 알려진 사상——사회화는 제한과 구속을 의미한다는 것——을 포착한다. 아주 잘 알려져 있긴 해도 그 사상은 다른 맥락이다. "대기를 가르며 자유롭게 날면서 공기의 저항을 느끼는 가벼운 비둘기는 진공 속에서는 날기가 훨씬 더 쉬울 것이라고 상상할지도 모른다."(칸트, 《순수 이성 비판》, p.47) 요점은 구속이요, 제한같이 느낄지 모르는 압력이 결국 비둘기가 날 수 있게 해준다는 것이다. 개인의 활동이 그 안에서 이루어져야 하는 사회 조직들에 있어서 역시 마찬가지이다. 그렇지 않으면 자유로울 것을 그것들이 제한하거나 금지하는 것이 아니다. 그것들이 선택과 행동을 가능하게 한다.

로크의 구별로 되돌아가서 방종은 무제한적인 자유가 아니라 자유의 끝단이다. 언어학적 형식은 우리의 타고난 발화가 인습적으로 받아들일 수 있는 것이 되도록 강요하지 않는다. 그것이 우리가 대화하는 것을 가능하게 한다. 내게는 같은 유의 무엇인가가 도덕에 관해서도 이야기되어야 할 것으로 보인다. 그 심장부에 있는 그리고 말하자면 도덕 의식의 활발한 기초를 구성하는 타고난 충동들이 무엇이든, 사람들은 그들이 만들어낸 것이 아닌 물려받은 일련의 가치와 관례를 세련하는 과정을 감수하는 동안 정의(定義)에 도달한다. 앞서 논했듯이 사람들이 사물을 욕망하기 때문에 그 사물이 값지다고 생각하는 것은 잘못이다. 오히려 우리의 욕망은 물려받은 집단적인 경험을 통해 욕망할 가치가 있는 것에 대해 우리가 배운 것에 욕망을 맞추면서 형성되고, 그래서 가치 있는 그 물건들을 선호하게 된다. 따라서 예를 들어 음악에 대한 취향은 타고난 욕망일 수도 있지만, 집단적인 경험이 그것의 실현에 적절한 대상임을 보여 주는 음악 형식과 작곡법에 관해 배움으로써 형성되고 성숙되는 취향이다.

이런 식으로 생각하면 도덕 교육은 생의 초기 단계임이 아주 분명하지만, 무기한으로 계속되며 매 단계마다 그 형식은 동일하다——타고난 충동들이 영향력 있는 것을 사회화하는 일에 순종하고 단련되는 것. 이것이 개인의 자유를 가능하게 만드는 것이지만, 또한 그렇지 않으면 공통점이 없는 인간들이 선호하는 것들을 조화시키고 그리하여 문명화된 사회를 가능하게 만드는 행복한 결과를 낳기도 한다. 요컨대 사회화 과정은 자유롭게도 하고 통합하기도 하며, 따라서 심각한 사회적 이상 성격자들(유명한 연쇄살인범들)은 보통 그들의 정신적 과거사를 볼 때 어떤 점에서 철저하게 소외되어 왔다는 것은 내가 보기에 결코 우연이 아니다.

도덕적 무정부 상태와 인터넷

인터넷에 관해 인상적인 점 하나는 그것이 내가 관심의 순수한 집합이라 부를 것의 형성을 허용한다는, 심지어는 권장한다는 것이다. 다시 말해서 엄청나게 다양한 취향과 관심을 표현할 뿐만 아니라 자극하기도 하는 자료들로 이루어진, 체계적으로 조직되지 않은 광대한 웹을 단순히 서핑하는 능력은 대등하게 하기보다 그저 조화를 이루게 하는 기회일 뿐이다. 서핑을 하는 사람들은 기질이 유사한 사람들을 찾을 기회와 정규 학습 과정에서 작용하는 일종의 교정하고 세련하는 효과를 생략할 기회를 갖는다. 이것은 단언컨대 통상적으로 그런 욕망들을 제지할 것들이 서핑하는 사람들에 의해서 묵살될 수 있는데다가 부추기는 반응들을 만남으로써 고무되기 때문에, 사악한 욕망들이 제지당하지 않는 아마도 아동 포르노그래피 통신망 같은 데에서 가장 뚜렷하게 입증될 것이다. 그런 자료를 좋아하는 취향은 전 세계적으로 쉽사리 공공연하게 표현될 수 없으며, 이것은 보통 사교의 일부가 될 수 없음을 의미한다. 그러나 인터넷의 세계에서는 '대중'이 무시될 수 있다.

아동 포르노그래피는 극단적인 사례이지만 비교적 무해한 본보기들——경박한 것과 기괴한 것, 익살맞은 것들——에 대해서도 같은 주장을 할 수 있다. 이들 역시 인터넷이 도전하고 저지하며 바로잡을 모든 것들을 피할 수 있고, 강화될 모든 것들이 거듭거듭 추구되고 재발될 수 있는 매체임을 발견할 것이다. 그래서 예를 들어 인터넷에 의지하는 선녀와 장난꾸러기 요정을 믿는 사람은 틀림없이 심적인 확증을 찾고 과학적인 비평에 전혀 주의를 기울일 필요가 없으며, 성대하나 철저히 공허한 '만물이론'을 갖춘 자수성가한 철학자는 지식과 비평적 통찰력은 훨씬 덜하지만 기꺼이 감명받는 한 무리의 사람들을 머지않아서 발견할 것이다. 이것이 대량의 부도덕할 뿐 아니라 쓰레기 같은 것들을 찾는 것이 인터넷에서 가능한 이유를 설명한다.

그런 형태의 상호 작용의 논리적인 종착지는 도덕적인 공동체라기보다 도덕의 붕괴이며, 실제적인 결과는 이런 논리적 극단에 못 미침이 확실할지라도 이것이 논리적인 외연**이라는** 사실은 중요하고도 파괴적인 경향이 존재함을 드러낸다. 인터넷의 '자유'는 '방종'으로 전락하는 것을 부추기기 위해 주문 제작된다. 그런 붕괴는 나쁜 의미에서의 무정부 상태이다. 그것은 어떤 그리고 모든 종류의 지도받지 않은 욕망들을 발산하는 수단이자 그런 욕망들이 합류하는 수단이기 때문이다.

물론 그것이 결코 완전할 수는 없다고 생각할 이유는 충분하다. 언제나 기본 수준의 의사소통을 필요로 하기 때문이다——의사소통은 어떤 종류의 언어를 필요로 하고, 그 다음 이것은 지도받지 않은 충동이 앞서 기술한 방식으로 영향력 있는 것을 사회화하는 일에 순종할 것을 필요로 한다. 심지어는 가장 기본적인 충동들을 한껏 즐기는 데 관심이 있는 기질이 같은 사람들을 찾으려고 인터넷을 이용하는 사람들조차 서로 이야기하는 어떤 방법을 찾아야만 한다. 게다가 만약 지도되지 않은 관심과 욕망들이 결합해 연합된 행동(예를 들어서 인터넷 집단들을 형성)으로 끝나게 된다면 이것 자체가 일정한 사회 질서와 규율을 필요로 한다. 사실 통신망은 자발적으로 고유한 (한정된) 행동 규약, 곧 1980년대 중엽부터 '네티

켓'[9]으로 알려졌으며, 일정한 강제성이 있는 것으로 보이는 규약을 만들어 냈다.

인터넷 광고를 하려는 어설픈 시도는 이유를 설명할 수는 없지만 '스패밍'이라는 이름으로 불린다……. 선전 메시지를 모든 뉴스 집단에 게시하여 알리는 것. 그렇지 않으면 무해하거나, 심지어는 아무 상관도 없는 게시물에 첨부한 선전 문구와 통신문들. 이 모든 것들은 그것들을 비난하는 사람들을 불러모아 인터넷 사용자들이 구매하지 않을 것을 권하는 광고주들에 대한 '요주의 인물 명단'을 만들게까지 했다. 요주의 인물 명단을 만든 사람들은 심지어 그런 광고주들에 대항해 사용할 수 있는 인터넷 안의 많은 장치에 대해 제안하기에 이른다. 스패밍의 가장 유명한——또는 악명 높은——예는 미국의 카터 앤 시겔 변호사 사무소의 것으로 세상에 알려진 그들의 고의적인 전략은 항의 메시지가 줄을 잇고, 그들의 컴퓨터가 과부하에 걸리자 당시의 서비스 공급자에 의해 그들의 인터넷 사용이 정지되는 것으로 끝났다.(배렛, 《사이버네이션》,[10] p.81)

그러나 '네티켓'은 기껏해야 시스템 오용에 대항하는 최소한의 규칙만을 규정할 뿐이다. 그것은 보통 그들을 얽매고 세련시키며 강요하는, 교화하려는 영향력을 발휘하는 일 없이 '자유로운' 정신을 훨씬 더 널리 발산하는 것을 가능하게 하고 격려하는 의사소통과 의견 교환의 한 형태로서의 인터넷의 성격에 역행하는 어떤 짓도 하지 않는다.

그렇다면 결국 비관론자들이 낙관론자들보다 더 정확한 것으로 보인다. 인터넷은 무정부적인 사회의 소질이 있으나 그것은 좋은 종류가 아니라

---

9) Netiquette: 통신시에 지켜야 할 예절을 뜻하는 것으로, 통신망이라는 network와 예절이라는 etiquette두 단어를 합성한 말이다.
10) 컴퓨터에 의해 자동 제어되는 국가이다.

나쁜 종류의 무정부 상태이다. 그러나 우리를 여기까지 이끌어 온 논의와 분석이 건전하다 할지라도 그런 결론은 아직도 과도하게 인심을 소란케 하는 것으로 보인다. 이것은 두 가지 이유에서이다. 첫째, 무정부 상태에 대한 긍정적인 관점도 부정적인 관점도 모두 다 인터넷은 국가에 의해 충분히 통제되지 않을 뿐만 아니라 통제될 수도 없다고 추정한다. 그런 추정은 부분적으로 사실에 근거한 의문들——기술적으로 가능한 것은 무엇이고 가능하지 않은 것은 무엇인지에 관한 의문들——에 의해 결정되는 것이 틀림없다. 하지만 이것은 딱 잘라서 대답할 수 있는 의문들이 아니다. 우리는 한때는 기술적으로 불가능한, 심지어는 생각조차 못할 것이 다른 때에는 아주 진부한 것이 될 수도 있음을 안다. 그러므로 중요한 어떤 것을 기술적인 가능성에 대한 질문에 의해 결정하게 하는 것은 어리석은 일이 될 것이다. 이것은 우리가 여러 번에 걸쳐서 주목했듯이 그 발달의 시작 단계에 있을 뿐인 인터넷에 특히 해당된다. 국가가 혼자서 또는 제휴해서, 또는 아마도 더욱 일반적으로는 사회가 인터넷에서의 개인의 활동을 감독하고 통제할 수 있게 하는 어떤 수단이 개발될지 누가 알겠는가? 선험적으로 그런 수단이 기술 혁신의 도달 범위를 넘어선다고 생각하는 것은 그럴듯하지 않지만, 그래도 이것이 바로 인터넷의 무정부주의적 성격에 관한 주장이 생각하는 바이다.

둘째, 우리가 가능한 기술에 관한 의문을 잠시 제쳐둔다고 할지라도(다음 장에서 그것으로 되돌아갈 것이다) 검토되어야만 하는 영향을 발휘중인 또 다른 가정이 있다. 인터넷이 도덕적 붕괴 가능성을 갖고 있는 인간 상호 작용의 매체라는 주장에서부터 진행하는 것은, 인터넷은 하나의 법일 뿐만 아니라 그 자체에게 하나의 **세계**라는 것, 곧 그 특성이 전적으로 그 고유의 성질에 의해 결정되는 독립적인 영역이라는 것을 가정하는 것이다. 하지만 이것은 거짓이다. 인터넷 사용자들은 또한 주택 · 상점 · 병원으로 된 세계의 주민이기도 하다. 인터넷이 도덕적 붕괴라는 의미에서의 무정부 상태로 가려는 뿌리 깊은 경향을 갖고 있음이 사실이라고 하자. 이것이 사회적 응집력보다 우세해질 것이라고 생각할 이유는 없다. 인터넷이 상업과 교육, 여가로 통합된 현대 삶의 단 하나의 양상으로만 남아 있는 한, 그것을 사용하는 사람들의 상호 작용이 통상적인 사회화 과정에 의해서 계속해서 지도되고 구속받을 것이라고 생각할 이유는 충분하다.

이 둘 모두 요점을 잘 짚어내며, 신기술의 항적을 따라서 파멸과 재난이 뒤따를 것이라는 지나치게 네오러다이트적인 예언을 하는 것을 망설이게 한다. 한편으로는 그것들이 사실이라고 볼 수는 없다. 둘 다 더 조사할 필요가 있는 주장이며, 사실 그 조사가 이 책 나머지 대부분의 주제가 된다. 인터넷에는 본질적으로 단속이 불가능한 무엇인가가 있는가? 또 인터넷이 대략 독자적인 세계를 이룰 수 있을까? 이들 질문 중 두번째 것은 다소 야심에 찬 대답을 인정한다. 연구의 한 경향은 인터넷의 출현이 새로운 사회 체제——관계의 종류가 다른 세계——의 가능성을 소개하는지 어떤지를 주제로 한다. 또 다른 제안은 기대되는 더욱 심오한 형이상학적 가능성이 있다는 것이다. 이것이 이제 우리가 향하려고 하는 문제들이다.

6

인터넷 단속하기

인터넷에는 본질적으로 단속할 수 없는 무엇이 있는가? 이는 다만 우리가 인터넷은 단속될 **필요**가 있다고 믿을 이유가 있어야만 중요(하고 난처)한 질문이다. 단속될 필요가 있음을 증명하려면 단지 인터넷이 옳고 그를, 좋고 나쁠 여지가 있음을 일반에게 확인시키는 것만으로는 충분치 않다. 그것은 확실히 필요하기 때문이다. 평상 언어는 좋거나 나쁘게 사용될 수 있고, 문법 구조들은 맞을 수도 틀릴 수도 있다. 이 사실만 가지고는 평상 언어의 사용이 단속되어야 할 필요가 있다거나 (프랑스 학술원에는 실례지만) 그렇게 하려고 하는 데에 어떤 문제가 있다는 주장을 뒷받침하지 못한다. 그런데 누군가가 인터넷에 대해 이런 생각을 할지도 모르는 이유는? 통상적인 대답은, 인터넷은 사회가 특별히 관심을 가질 이유가 있는 두 종류의 자료——유해물과 음란물의 매체라는 것이다. 이 용어들이 지칭하는 것은 엄밀히 무엇인가?

우리가 '음란'과 '유해'에 대한 **정의**를 내려야만 비로소 이 질문에 대답할 수 있는 것으로 흔히 생각된다. 그러나 도덕철학과 좀더 일반적으로는 철학에서, 정의가 많은 일을 완수하는 일은 좀처럼 없다. 그 목적은 이런저런 현상을 정확하게 포착하는 것이지만 대부분의 개념은 '개방 구조'라 하는 것으로 이런 정확성을 허용하지 않는다. 그 결과 그런 정의는 거의 대부분 일반 용법이 갖는 몇몇 사례들을 고려치 않고 시종일관 적용하게 되면 이론의 여지가 있는 사례들을 포함하는 일이 드물지 않다. 일상 언어와의 이런 충돌에 아랑곳하지 않고 정의를 단호히 주장하는 것은 그것을 규정적으로 만들며, 대략 한 사람의 규정은 다른 사람의 규정이나 매한가지이다. 스티븐 툴민은 다른 맥락에서 말했다.

정의는 벨트 같다. 짧을수록 더욱 탄력적이어야 할 필요가 있다. 짧은 벨트는 그것을 착용한 사람에 관해 아무것도 드러내지 않는다. 그것을 잡아 늘임으로써 거의 어느 누구에게나 맞게 만들 수 있다. 그리고 이질적인 사례들에 적용한 짧은 정의는 그것이 확대되고 수축되고 제한되고 재해석되어야 모든 경우에 들어맞을 것이다. 그러나 아주 만족스럽고 간결한 어떤 정의를 생각해 내려는 바람은 좀처럼 사라지지 않는다.(툴민, 《선견과 예지》, p.18)

그러나 만약 어떤 용어를 정의하려는 시도가 철학에서 별 소용이 없다면 그렇게 하기에 실패하는 것 역시 그다지 중요하지 않다. 정확한 정의가 없을 때조차 우리는 대개 우리가 이야기하고 있는 것이 무엇인지 명확히 이해시킬 수 있으며, 계속되는 토론이 보여 줄 테지만 계속해서 재미있고 중요한 것을 이야기할 수 있다. 그럼에도 불구하고 현재의 상황에서 정의에 관해 강조할 점이 있다. 인터넷(또는 다른 어떤 것) 단속하기는 일반적으로 어딘가 법을 불러내 적용하는 것을 암시한다. 이때 철학과 대조해 정의——즉 법률상의 정의——가 흔히 결정적일 수 있다. 만약 위반이 정확히 상술되고 정의될 수 없으면 그것을 규제하는 법은 적용시키기 어려울(때로는 불가능할) 것이며, 게다가 상대적으로 빠져나가기가 쉽다. 우리는 영국의 음란물과 관련해 이것을 살펴볼 수 있다. 그와 관련된 법률들은 외설스러운 것에 기초해 만들어지나, '외설'을 아주 명료하게 정의할 수 없음이 음란물과 관련된 법을 적용하기 아주 어렵게 만들어 현재 법원에 계류중인 사건이 거의 없다.

음란물은 나중에 좀더 충분히 다루어질 논제이다. 지금은 정의 가능성

(또는 불가능성)이 도덕이나 철학에 있어서보다 법에 있어서 훨씬 더 중요한 문제라는 데에 주목하는 것으로 충분하다. 법은 이 장에서 논의될 또 하나의 논제이지만 우선적으로 우리에게 관계된 것은 법적 단속의 도덕적·철학적 기초이기 때문에, 정의 문제는 나중으로 미룰 수 있다.

음란물과 유해물

인터넷은 유해하고 음란한 자료들을 담고 있다. 어떤 차원에서 이 주장은 논의의 여지가 없으나 그것이 어떤 중대한 결과를 갖는 문제가 될지, 그리고 그렇다면 그것은 어떤 종류의 문제인지 평가하기 위해서는 처음부터 몇 가지 명시해 둘 것이 있다. 무엇보다 음란물과 유해물은 같지가 않다. 외설물이 **해롭든 해롭지 않든** 간에 외설물에 반대할 수 있다. 그뿐 아니라 그것이 해롭다는 주장은 일반적으로, 사실은 그것이 본질적으로 반대할 만하다고 생각하지만 해롭다는 점에서 자신들의 반대를 표현하는 것이 더 많은 동조를 얻을 것 같다고 믿는 사람들에게 위안을 준다. 이는 흔히 있는 주장——외설물은 유해하다——이지만 실은 일반에게 확인시키기기 힘든 것이다. 여기에서 주목할 것은 외설물의 유해성 여부에 대해 의견 상위가 있을 수 있다는 사실은 음란물과 유해물이 동일한 것이 아님을 보여 준다는 것이다. 우리가 음란물이 갖는 영향력을 분리해 내기 전에 우리는 그것의 영향(좋은지 나쁜지)과 무관하게 음란물을 판정할 수 있어야 한다. 이것이 보여 주는 것은 외설물이 끼치는 해로움에 대한 주장에 의거하지 않은 외설물에 대한 반대가 **있을 수 있다**는 것이다. 그리고 그것이 법적 규제를 정당화할 수 있는 종류의 반대인지는 다음절에서 좀 더 길게 다룰 중요한 문제이다. 현재로서는 유해함에 관한 주장에 충실할 것이다.

외설물은 인터넷을 단속하는 일에 관한 토론을 좌우하는 경향이 있지만 더욱 직접적으로 해를 끼친다고 생각할 수 있는 많은 자료——예를 들어서 테러리스트들과 범죄자들, 사회를 전복시키려는 사람들을 도울 수 있는 자료가 있다. 그러나 정확히 말하면 이 자료 중 **약간**——다른 사람들의 웹 페이지를 손상시키거나 못 쓰게 만들거나 불법으로 고치거나 전개시킬 수 있는 소프트웨어——만이 해롭다. 컴퓨터 바이러스가 이런 성격을 갖는다. 그러나 사람들이 우려하는 자료의 대부분은 직접적이 아니라 **잠재적으로** 해롭다. 예를 들어서 어떻게 간단한 폭발성 물질을 제조하는지, 시한장치를 조립하는지, 심지어는 핵무기를 입수하는지에 대한 정보를 제공하는 웹 사이트를 찾기는 비교적 쉽다. 물론 그런 정보는 실제로 폭탄을 만들거나 무기 공급품을 손에 넣는 데 사용되지 않으면 사실 무해하다. 이런 행동들에 앞서 그것은 실제가 아니라 잠재적인 해악의 원인이 된다. 이는 그것을 우려할 이유가 전혀 없다는 것이 아니지만 더 나아가 분규를 일으킨다. **잠재적으로** 유해한 자료가 **실제로** 유해하게 될 가능성은 획일적이지 않다. 그것은 사례별로 다르며, 이것이 규제하려는 사례에 영향을 미칠 수 있다. 실제 해악을 초래할 가능성이 아주 적은 자료는, 특히 고려되는 이익과 해악 간에 균형을 이룬다면 가능성이 높은 자료만큼 처벌 선고의 대상으로 확신하게 하지 않는다. 다른 예를 들면 사람들이 입수할 수 있는 마약을 만드는 일은 유해한 부작용을 낳을 심각한 가능성 때문에 중요시될 수 있는 반면, 만약 동일한 부작용의 가능성이 아주 낮다면 그것의 시판을 허용하는 것을 반대하는 사례는 상당히 설득력이 없다. 전체적인 요점은 어떤 사회적 상호 작용이 해를 끼칠 가능성을 갖고 있을지 모르지만 바로 그렇다고 해서 우리가 잠재적으로 해로운 것들을 제거할 수는 없으며, 우리는 위험을 평가하고 처리하는 일을 해야만 한다는 것이다.

이 소견은 주요 논증의 준비 동작에 지나지 않는다. 그럼에도 그것은 음란물과 잠재적인 유해물들이 인터넷에서 발견될 수 있다는 단순한 사실 그 자체만으로는 그에 대한 규제 요구를 지지하기에 충분하지 않음을 보여 준다. 대답할 사례가 존재하기도 전에 음란물은 본질적으로 반대할 만하다는 것**뿐만 아니라** 잠재적인 해악이 현실이 될 가능성이 상당히 높다는 것**도** 보여 주어야만 한다.

다만 논증의 이 시점에서만이라도 이 두 중요한 주장이 납득이 가게 입증될 수 있다고 가정하기로 하자. 그렇다면 이에 대해 무엇을 어떻게 해야 할지, 또 과연 해야 할지 하는 문제가 생긴다. 앞장에서 우리는 인터넷을 일종의 도덕적 무정부 상태에 특별히 적합하게 만드는 어떤 것이 인터넷에 있다는 제안을 탐구했다. 다시 말해서 그것은 개인의 충동을 저지하고 순응과 친목의 수단을 만들어 내는 작용을 하는 통상적인 사회적 압력이 부재하거나 적어도 심각하게 움츠러든 매체이다. 만약 이것을 인정한다면 주요 임무는 인터넷의 운영을 통제할 수 있는 방식을 고안하는 것이라고 가정할 수 있을 터이고, 그 다음에는 이것이 보통 그렇듯이 주가 되는 문제는 기술적인 것이라고 암시한다고 받아들여질 것이다. (보통) 정부 또는 정부간 단속원들에 의해서 인터넷의 개인적 용도가 적절히 통제될 수 있을까?

그러나 시작부터 인터넷을 단속하는 문제는 오직 또는 주로 기술적인 문제로 생각되어서는 안 된다는 점을 주목해야 한다. 거기에는 확실히 기술적인 국면들이 있다. 사적으로 자기 집에서 개인용 컴퓨터에 앉아 있는 개인이 인터넷을 연결해 선택한 자료를 자세히 조사하고, 그것이 사회적으로 받아들여지는 규범을 어길 때 그것을 차단하는 것이 가능할까? 그리고 가능하다면 어떻게? 이 기술적인 의문에 긍정으로 대답한다고 할지라도, 그리고 효과적인 수단이 고안되었다고 할지라도(둘 다 다음절에서 검토될 문제들) 이 문제가 남을 것이다──**어느** 자료가 이런 식으로 차단되어야 하는가? 더 진전된 이 질문은 아직까지 더 나은 기술이 아니라 **판단**

을 필요로 하며, 기술적인 고안물이 이런 또는 다른 맥락에서 인간의 판단을 대신할 수 있을 것으로 생각하는 것은 큰 실수이다. 이것은 세상에 알려진 몇몇 외설물에 대한 기소(D. H. 로렌스의 소설 《채털리 부인의 사랑》의 출판에 관련된 재판이 가장 유명한 것 중 하나이다)에서 문제의 자료가 심미적인 입장——"그것은 포르노가 아니라 예술이다"——에서 변호되었다는 사실에 의해 예증된다. 그런 주장이 선험적인 변호를 성립시킨다 할지라도 우리는 예술과 외설을 판별할 수 있어야 한다. 이것은 어쨌든 우리가 우리를 위해서 만든 기술적인 고안물에 정당하게 기대할 수 있는 판별은 아니다. 만약 우리가 (인터넷을 위한) 그런 고안물을 소유했다면 우리는 결함이 있는 자료를 차단하거나 제거할 수단을 갖게 될 것이다. 그러나 우리는 그 고안물을 사용할지, 또 어떤 것을 **사용**할지 여부를 여전히 결정해야 한다. 고안물 자체가 우리를 위해 할 결정은 없다.

내가 보기에는 내가 읽을 수 있었던 인터넷 규제에 대한 정부와 정부간 보고서에서도 그만큼은 인정한다. 이것이 의미하는 것은 인터넷을 단속하려는 어떤 시도도 두 가지 문제——기술적 가능성에 관한 문제와 판단의 원칙에 관한 문제——에 역점을 두어야 한다는 것이다. 그러면 더 나아가 이 판단의 원칙들을 적용 가능한 법으로 바꾸는 문제가 있다. 다음에 올 세 절의 논제가 바로 이 세 문제들이다.

허가제와 등급제

무엇을 인터넷에 올리고 무엇을 안 올릴지 통제하는 것이 기술적으로 가능한가? 이 질문을 밀접하게 관계된 다른 질문——이 일을 하는 것이 사실상 가능한가?——과 혼동해서는 안 된다. **기술적**으로 가능한 것이, 그것이 전개되지 않거나 않을 것이기 때문에 전혀 **실질적**인 차이를 만들지 않을 수도 있다. 이에 대한 이유는 다양할 수 있다. 예를 들어서 필요한 기술이 너무 고가일 수도 있다. 또는 아주 광범위한 저항을 받아 그 성공적인 운영에 필요한 전반적인 협조를 얻지 못한다거나, 그것의 사용을 허가할 법을 통과하는 것이 정치적으로 불가능하게 된다 등. 이 모든 것들이 기술적으로 가능한 것을 실행하는 일에 장애가 된다. 인터넷을 단속하는 가능성에 대해 탐구함에 있어서 이 차이를 감지하고, 두 문제를 함께 역점을 두어 다룰 필요가 있다. 그러나 순전히 기술적인 것으로 보이는 것부터 시작하도록 하자.

어떻게 우리가 인터넷에 실리는 것을 규제할 수 있을까? 많은 제안이 있지만 두 가지 기본 전략으로 분류한다. 첫번째 것은 인터넷에 접근하는 것을 제한하거나 통제하려는 시도를 하고, 두번째 것은 내용에 직접적인 제한을 하는 것을 목표로 삼는다. 첫번째 것을 다루는 가장 알기 쉬운 방법은 허가제에 의한 것이 될 것이다. 탁상용 컴퓨터에서 인터넷에 접근하려면 사용자는 서버——보통 독립적인 인터넷 서비스 제공자——를 이용해야 한다. 다시 말해서 개별적인 개인용 컴퓨터들이 월드 와이드 웹과 연결도 하고, 디지털 정보를 저장하고 처리하는 기억 용량을 제공도 하는 시스템의 도움을 청한다. 왜 개인이 자신의 서버에서 운영해서는 안 되는 지는 원칙적으로 아무런 이유도 없긴 하지만, 전문적인 정비를 받는 비용과 받을 필요는 거의 모든 서버들이 사용자들에게 서버를 공급하는 것으로 돈을 버는 공공 기관이나 영리 조직 또는 회사에 속함을 의미한다. 어쩌면 기술이 발달함에 따라 개인 서버들은 더욱 흔해질 것이다. 궁극적으로 그런 일이 일어날 수 있다는 것이 허가제를 복잡하게 할 테지만 원칙적으로 그것이 불가능하지는 않다. 개인들이 소유하는 자동차나 텔레비전에 대한 면허를 얻는 것이 불가능하지 않은 것이나 마찬가지이다.

그 제도는 다른 허가제와 마찬가지로 작용할 것이다. 서버 소유자——개인이든 조직체이든——는 만족을 주는 어떤 조건에 의존할 것이다. 이들 조건에는 웹에 소개해도 되는 것과 안 되는 자료에 관한 요구 사항 —— '내용 관리'라고 알려진—— 이 포함될 수 있다. 만약 인터넷 서비스 제공자가 유해물이나 음란물이 올라오는 것을 허용한 것이 발견되면 면허가 취소될 것이다. 부주의 또는 위험 운전으로 유죄 판결을 받은 어떤 사람의 운전면허가 취소될 수 있는 것이나 같은 식이다. 인터넷에 적용할 때 그 소유자가 면허를 소지하지 않은 것으로 알려진 서버들을 방해하거나 딴 방법으로 기능을 억제하는 것이 기술적으로 가능해지면 허가제를 더 강력하게 만들 수 있다. 그것은 운전면허가 취소된 사람의 차에 바퀴 족쇄를 채우는 일같이 될 것이다. 물론 무엇을 불법적인 내용으로 생각할 것인지에 대한 의문이 생길 수 있으며, 이것은 이 장 다음절에서 역점을 두고 다루어질 판단의 문제를 제기한다.

어떤 식으로 방해하거나 억제한다고 하더라도 그런 제도를 실제로 도입할 수 있을까? 대답으로 우선 언급되어야 할 점은 그것은 결함이 있을 것이 분명하다는 것이다. 우리는 이것을 안다. 현존하는 모든 허가 제도는 불완전하다는 것을 우리는 알고 있기 때문이다. 면허를 가질 권리가 있는 사람들 모두 그리고 오직 그들만이 면허를 갖게 하기란 실질적으로 불가능하며, 또 면허가 있는 사람들만 면허가 필요한 활동을 하도록 보장하는 것이 불가능하다. 사람들은 불법적으로 운전을 하고도 벌 받지 않고 빠져나가며, 이것은 그들 소유의 자동차 바퀴에다 족쇄를 채웠을지라도 해당될 것이다. 이 범주에 속하는 운전자의 비율은 당국의 능력과 시민들의 준법 정신을 포함한 여러 요인에 따라 시간과 장소별로 다를 테지만, 가장 민완한 당국을 둔 가장 법률을 준수하는 나라에서조차 불법적인 행동은 있을 것이다. 인터넷과 관련해 도입하려고 하는 인터넷 서비스 제공자에게 면허를 주는 일 역시 마찬가지이다.

불법 행위에 대한 대책은 따라서 불가피하지만 인터넷의 경우 불법 행위가 상당히 많을 것이라고 생각하는 것에는 일리가 있다. 우선 인터넷 서비스 제공자를 허가하는 제도는 두 차원의 별개의 통제——당국에 의한 인터넷 서비스 제공자 규제와 인터넷 서비스 제공자 자신들에 의한 내용 관리——를 필요로 한다. 첫번째 차원에서 어느 정도 느슨해지는 것이 불가피하면 두번째 역시 마찬가지이며, 더욱 심할 것이라는 것이 분별 있는 추측이 될 것이다. 이것은 양쪽 차원 모두 조사 방법이 있어야 하기 때문이다. 사용자들의 수가 인터넷 서비스 제공자 수보다 엄청나게 많을 것이기 때문에 그에 맞게 사용자들을 조사하는 것이 더욱 어려우며, 기관들이나 영리 목적의 회사들이나 이따금씩 무작위적으로 점검하는 것 이상의 방책을 갖고 있음직하지 않다. 추측건대 만약 두 규제 중 그 어느것도 전혀 엄중하지 않으면 해이 정도는 훨씬 더 심해질 것이다. 다시 말해서 규칙은 금지된 자료의 예가 하나만 되어도 충분히 인터넷 서비스 제공자의 면허를 취소하거나 공급자의 고객 명단에서 사용자를 방출하는 것이 **가능할 수 있는** 반면, 위반 등급——말하자면 '삼진 아웃' 제도——이 있어서 그것에 의해 아주 많은 수가 이따금씩 부적절하게 사용하는 것을 허용하게 될 것 같다.

우리는 여기에서 증거로 사용할 몇 가지 경험이 있다. 현재 다른 것들에 대해서와 마찬가지로 인터넷에도 적용하는 저작권 및 허가법이 있다. 이들은 글·그림 등뿐 아니라 소프트웨어와도 관계된다. 법률 제도와 상업적 공급원 모두 그런 법들을 집행하는 조처를 취하며 또 어떤 취지에서 그렇게 한다. 그럼에도 불구하고 아주 많은 양의 무면허 소프트웨어가 사용되고 있고, 아마도 훨씬 더 많은 양의 저작권 보호를 받는 자료가 불법으로 이용되고 교환된다. 우리가 인터넷 서비스 제공자들을 허가하거나 사용자들에게 서버를 공급하는 것에 관련된 법이 더 이상 효력이 있으리라고 생각할 아무런 이유도 없다. 앞으로 보게 될 것이지만 이 장의 논제를 여러 다른 점에서도 설명해 주는 것이 바로 유사한 사례이자 선례이다.

인터넷 서비스 제공자들에게 몰수될지도 모르는 면허를 취득할 것을 요구하는 데 뒤따르는 하나의 중요한 반대가 있으며, 이것은 그것이 아무런 잘못도 한 적이 없는 사람들을 벌한다는 것이다. 이것은 기존의 법에 의거한 적어도 하나의 주목할 만한 기소에 대해 제기된 반대이다. 그것은 세계 최대의 인터넷 서비스 제공자 중 하나인 컴퓨서브의 독일 자회사의 전 사장 펠릭스 좀에 대한 재판과 유죄 판결이었다. 1998년 폭력적인 동물 및 아동 포르노를 인터넷에 유포한 데 대해 좀에게 집행유예 2년이 선고되고, 3만 5천 파운드를 자선 단체에 지불하라는 명령이 있었다. 사실 그 자신은 이런 종류의 어떤 불법 자료도 유포하지 않았지만 감시단이 독일의 컴퓨서브에서 제공하는 사이트에서 음란물을 탐지했으며, 바바리아 법원은 서비스 제공자에게 책임이 있다고 판결했다. 그리하여 좀에게 불리한 평결을 내렸다. 좀 자신은 관련된 위반을 하지 않았음을 검찰 당국조차 받아들인데다가, 피고가 인터넷 서비스 제공자를 기소하는 것은 고객의 대화 내용에 대해 전화 회사를 기소하거나 몇몇 승객들이 밀수한 마약에 대해 항공 회사를 기소하는 것만큼이나 부당한 것이었다고 대단히 명분이 서도록 주장했기 때문에 의외라 할 것도 없이 이 판결은 많은 비판을 받았다.

이것이 하나의 예인 듯한 다른 사람들의 범죄에 대해 무고한 사람에게 유죄를 선고하는 명백한 불의는, 허가제에 대한 주요 대안——등급제——에 더욱 관심이 쏠리게 만드는 요인들 중 하나이다. 등급제는 그것을 사용하는 기반에 적용되기보다 인터넷에 등장하는 자료에 직접 적용될 것이다. 또 한편 이것과 비슷한 방법들이 이미 존재하며, 우리는 등급제가 어떻게 작동할지에 관해 정보에 더욱 근거하되 덜 투기적인 추측을 하는 데 우리의 이런 경험을 이용할 수 있다. 몇몇 나라에서 운영하는 영화를 등급으로 나누는 제도를 보라. 새로운 영화나 상업적으로 제작된 비디오마다 서로 다른 관람 대중에 대한 적합성을 표시하는 증명서가 발급되며, 증명서가 거부된 영화는 그것에 의해서 대중의 관람을 보증하는 것이 어쨌든 금지된다. 그런 등급 제도에 관해 이야기되는 몇 가지 중요한 의견들이 있지만 그중 몇몇은 다음절의 논제와 더 직접적으로 관련된다. 지금으로서는 등급제는 세 가지 형태 중 하나를 취할 수 있음을 이야기하는 것으로 충분하다. 첫째, '화이트리스트[바람직한 것의 명단 작성]'라 알려진 것이 있다. 그런 방식하에서는 '화이트[신뢰할 수 있다],' 즉 인가되었다는 표시가 붙어 있지 않는 것은 무엇이든 허용되지 않는다. 둘째, '블랙[봐서는 안 된다]'이라는 딱지가 붙어 있지 않으면 무엇이든 허용되는 '블랙리스트[요주의 명단 작성]'가 있다. 셋째, 모든 것에다가 미리 그 성격을 공시하는 '색깔'을 부여하는 '다양한 색' 명단 작성이 있다. (이것은 물론 금지로 이어지는 '블랙' 분류 표시와 일치한다.)

'색깔'에 따라 '선별'하는 장치를 짜넣어 개인 컴퓨터(또는 텔레비전)가 특정한 색깔의 표지가 붙은 것만 화면에 나타내게 하는 것은 기술적으로 가능하다. 그런 장치들은 불안한 부모들의 마음을 끌기 쉽다. 이론적으로 그것들은 아이들이 지도받지 않는 동안 접근할 수 있는 자료의 종류를 제한할 수 있게 하기 때문이다. 그러나 이 생각(또는 심지어 비교적 더욱 단순한 '블랙'과 '화이트'로 된 방법조차)을 실현하는 일은 엄청나고, 틀림없이 넘어설 수 없는 어려움들에 직면할 것이다. 이것은 '화이트리스트'와 '다양한 색 리스트'가 통신망에서 입수 가능한 모든 자료를 사전에 면밀히 조사할 것을 요구하기 때문이다. 이것은 불가능한 임무이다. 이론적으로도, 지금 널리 행해지고 있는 실상황하에서도 불가능하다. 인터넷에서 다룰 수 있는 자료의 분량에 대한 이론상의 제한은 없으며, 따라서 자세히 조사될 수 있는 것을 초과하리라는 것은 예상할 수 있을지 모르지만 어쨌든 **이미** 인터넷에는 무작위 방식으로밖에는 조사될 수 없는 분량의 자료가 있고, 매일 추가되고 있는 분량도 엄청나다. '블랙리스트를 작성'하는 입장은 조금 다르다. 다만 그것은 접근 가능한 자료의 총량 중 적은 부분이라고 우리가 추측할 수 있는 것을 방출하는 데 목적이 있을 뿐이기 때문이다. 이것도 여전히 움찔하게 하는 업무이지만, '블랙리스트 작성자'가 되려고 하는 사람들이 그런 자료를 일반 범주들 속에 '붙잡아 둘' 수 있을 것이라는 희망을 갖게 할 상당한 이유가 있다.

'블랙'과 '화이트'의 일반 범주에 따라 선별하는 일을 어떻게 실행할 수 있을까? 한 가지 발상은 기존의 기술인 '검색 도구'를 이용한다. '고 퍼'를 비롯한 다른 검색 도구들은 인터넷의 자료를 탐지하고 어떤 주제에 따라 선별하는 프로그램이다. 그 통상적인 용도는 다양한 종류의 탐색을 위한 것으로 반드시 학구적인 것은 아니다. 사용자는 검색 도구로 들어가 컴퓨터에게 아주 많은 양의 자료를 분류해 어떤 특징을 갖는 것 (흔히 '주요 단어')만 찾게 한다. 검색 도구들은 상당히 정교하며, 우리는 그것들이 앞으로 훨씬 더 정교해질 것이라고 기대할 수 있다. 그것들 배후의 동인이 되는 힘은 특별한 목적을 위해 엄청난 분량의 자료를 분류할 필요성이고, 본질에 있어서 검색 도구들은 단순히 현대 도서관의 공통된 특징인 도서 목록 색인의 목적과 범위를 확장한 것이다. 그런 체계적인 정사(精査) 없이는 도서관에 있는 것이건 인터넷에 있는 것이건 간에 현재 이용할 수 있는 자료를 처리하기는 어려워서 그것들은 아무 쓸모가 없다.

이 고안물을 규제 목적으로 사용할 수 있는 방법들을 상상하기는 어렵지 않다. 내용과 더불어 출처를 포함하는 대단히 광범위하고 서로 긴밀히 관련되는 일련의 특징들을 고안하고, 그것을 인터넷 서비스 제공자 쪽에서 설치해서 그 인터넷 서비스 제공자의 사용자들이 정밀한 조사를 통과한 자료만 이용할 수 있도록 보장해야 한다. 예를 들어서 공공 기관의 자료에 접근하는 것을 제한하고, 비공식적인 출처에서 나온 것은 모두 배척하는 '차폐물'을 세울 수 있을지도 모른다. 하지만 그때에도 그 방법이 불완전하리라는 것을 추측할 수 있을 것이다. 공공 기관의 어떤 사용자들이 작정을 하고서 부도덕하고 악질적인 목적을 위해 그들이 다루는 시스템을 오용할 수 있기 때문이다. 사실상 그런 시스템은 그것이 받아들이지 않은 것은 모두 요주의 명단에 올릴 것이다. 그러나 가장 유리한 각본에서조차 그것이 요주의 명단에 올리려던 자료 중 약간은 빠져나갈 것이다.

내가 보기에는 인터넷 서비스 제공자 측의 내용 관리를 규정하는 면허와 어떻게든 결합시킨 일반 범주의 요주의 명단을 작성하는 것이 인터넷 단속을 시작하는 데 가장 쓸모 있는 제안이지만, 그러나 아직은 그것이 그다지 효과가 없을 것이라고 생각할 충분한 이유가 있다. 이것이 이유이다. 첫째 우리가 보았듯이 어떤 통제 방법도 완벽에 미치지 못할 것이다. 대중적이고 (대부분) 개인적인 일에 종사하는 아주 많은 수의 개인을 통제하려는 방법의 경우 그 운영상의 불완전한 정도가 클 것이다. 비교할 셈으로, 또한 증거를 보여 줄 셈으로 불법 마약 사용 및 거래를 통제하려는 국가간의 노력을 살펴보라. 다소 이상하다 싶게 마약 통제에 관한 한 국제간의 합의와 협조 정도는 아주 높으며, 많은 정부에서 (특히 서양에서는) 그것을 이행하는 데 막대한 재원을 바쳐 왔다. 좋은 결과가 없지도 않다. 해마다 공급원을 파악하고, 많은 양의 마약을 압수하며 마약의 고리를 분쇄하는 일이 목격된다. 이에도 불구하고 만약 갖가지 증거가 바로 마약과의 전쟁 기간 동안에도 마약 취득 및 거래가 꾸준히 상승했음을 보여 주면, 그 전쟁은 패하는 중임을 그 증거는 시사한다. 그 입장이 인터넷상의 불법 자료를 단속하는 일과 어떤 차이가 있다고 생각할 아무런 이유도 없다. 사실 더 나쁠 것이라는 생각에는 일리가 있다. 부분적으로는 인터넷의 자료는 탐지하고 '포착'하기가 훨씬 더 어렵기 때문이고, 부분적으로는 그것이 단독으로든 제휴해서든 정부의 통제를 훨씬 넘어선 국제적 조직망을 갖춘 채로 세상에 나왔기 때문이다.

또 하나 중요한 사실은 대단히 실행 가능한 것으로 묘사된 그 방식——'인터넷 서비스 제공자를 통한 요주의 명단 작성' ——은 자발적으로 이루어질 때 가장 실용성이 높다는 점이다. 일찍이 언급했던 불안한 부모들은 차단할 방법을 **찾으려 애쓰고** 있으며, 상업적인 서비스 제공자들이 그런 차단 장치를 세상에 내놓아 판매하려는 시점에 있음을 상상할 수 있다. 그러나 여기에서 법으로 그런 고안물들을 의무적으로 장착하게 하는 쪽으로 가면 고려 사항들이 아주 달라져야 한다. 이것은 각자의 재판권과 입법 및 집행상의 합의된 국제적 행동 범위 안에서 상당한 정치적 의지를 필요로 한다. 특히 마약 통제 노력에 대한 경험에 비추어 양쪽 모두 가능성이 희박하다.

다른 하나는 인터넷 자체의 특수성과 더욱 직접적으로 관련된다. 효력이 있으리라는 희망을 갖고서 그것을 단속하려면, 기계를 제거하는 거칠고 물리적인 대책 대신 소프트웨어를 채택하는 일이 필요할 것이다. 그러나 이 일에 있어서의 걱정은 그런 고안물이 발명될 때마다 그것을 앞지를 또 다른 고안물의 발명을 자극한다는 것이다. 다시 한 번 우리에게는 여기에 맞는 증거가 있다. 컴퓨터 해킹과 컴퓨터 바이러스는 정보 기술에서 낯익은 부문이다. 그것들에 응해서 더욱 빈틈없는 보안 체제를 발명하고 백신 소프트웨어를 만드는 일에 많은 시간과 노력을 들여왔다. 이 중 많은 것들은 효과가 있었지만 대개 그저 잠시 동안뿐이었다. '해커'[11]와 '크래커'[12] '프리커'[13]들이 그들을 상대로 분투 노력하는 사람들보다 기술에 있어서나 헌신적인 자세에 있어서 뒤지지 않기 때문이다. 그 결과는 어

---

11) 해커(Hacker)라는 용어는 50,60년대 미국 MIT대학 TMRC라는 동아리의 멤버들에 의해 세상에 등장했다. 컴퓨터의 소프트웨어 전반에 대한 전문적 지식을 바탕으로 컴퓨터 시스템상의 오류를 파악, 자신들이 밝혀낸 사실들을 모든 사람들과 공유하려고 한다. 가장 중요한 점은 악의적인 목적으로 데이터나 시스템을 절대로 망가뜨리지 않는다는 점이다.

12) cracker. 제3세대 해커들. 악의적인 의도에서 접근 권한이 없는 중요한 자료에 접근해 원격 호스트의 시스템 무결성이나 데이터를 해치거나 망가뜨리는 사람을 일컫는 명칭이다.

13) phreaker. 제2세대 해커로 미국이 베트남 참전 비용을 마련하기 위해 특별세법을 만들어 전화 사용료에 별도의 세금을 부과하려 하자 프릭(phreak)이라는 공짜 전화 사용 방법을 유통시켜 전화 사용료 납부 거부 운동을 전개한 데서 유래한 명칭이다.

느쪽도 다른 쪽에 대해 전적으로 성공을 거두지 못한 일종의 쫓고 쫓기는 관계이다. 내가 보기에는 내용 관리 통제를 도입하려는 시도에도 비슷한 운명이 닥치리라 믿을 대단히 많은 이유가 있다. 게다가 마약 사례처럼 강력한 경제적 동기가 작용할 것이다. 사람들을 법이 물리치려고 애쓰는 불법 자료에 안전히 접근하게 해주는 것에 돈을 지불할 터이고, 이것은 그 통제들을 타파할 수 있고 또 기꺼이 타파하려고 하는 프로그래머들을 부추기고 또 배출할 것이다. 우리는 어차피 있을 수밖에 없는 인터넷 규제에 있어서의 불가피한 이완과 아울러 결코 승리할 수 없고, 그 얼마 안 되는 승리들도 어떤 경우에는 일시적인 것이 될 전쟁을 위해 상당한 양의 공적 자금을 지출하게 될 것이 거의 확실한 결과를 최종적으로 보게 되는 데 대해 지나치게 우울해할 필요가 없다.

마지막으로 밝힐 가치가 있는 것은 이것이다. 그 시스템을 파괴하려고 하는 비교적 전문적인 사람을 부추기는 것은 기분 나쁜 또는 노골적인 경제적 동기만은 아니라는 것이다. 정보 기술은 대개 표현 매체로 사용되며, 따라서 개인의 권리로서의 언론의 자유에 대한 신념 또한 논의의 대상이 될 것이고 옹호자들을 발견하게 될 것이다. 과연 이미 인터넷을 단속할 필요를 제안한 것에 대해 자유를 신봉하는 사람들이 여러 측면에서 격렬히 이의를 제기하고 있으며, 이와 관련해 우리는 오랜 문화적 이유로 해서 언론의 자유에 대한 신념은 기술 및 인터넷의 사용이 가장 진보한 미국에서 그 가장 강력한 지원자들을 발견할 것 같다는 의견을 추가로 덧붙여야 할 것이다.

사실 이 마지막 논점은 다음절과 이어 주는 역할을 한다. 인터넷은 단속을 필요로 한다는 견해로 기우는 사람들은 거기에서 발견될 자료의 상당량은 발표를 금지**해야 하며**, 그렇게 하는 것이 법의 권리이자 의무라는 자세를 취한다. (비록 이것이 내가 지난장에서 제기한 이유는 아니지만) 인터넷의 도덕적 무정부 상태가 문제를 만들어 낸다고 일반적으로 생각하는 것은 바로 그런 가정을 배경으로 한 것이며, 또 우리가 이 절에서 밝힌 바로 그 중대한 실제적인 어려움들이 비관론의 근거가 된다는 것도 단순히 방금 말한 그 가정에 비추어 본 것일 뿐이다. 따라서 이제 그에 대해 조사할 때이다.

음란물의 윤리

인터넷은 유해물과 음란물을 담고 있다. 우리는 이 주장으로 시작했으며, 논증 과정에서 그에 반대하는 어떠한 제안도 일체 없었다. 나 역시 그것을 부정하려 하지 않는다. 더욱 흥미로운 도덕적이고 철학적이기도 한 의문은 그것이 사실이라면 그에 대해 무슨 조치를 취해야 하는 것이 아닌가 하는 것이기 때문이다. 그것은 두 부분으로 구분되는 질문이다. 인터넷에 그런 자료가 존재한다는 것이 행동에 대해 무엇인가 도덕적인 암시를 하는가? 그리고 만약 그렇다면 이번에는 이것이 법에 대해 무엇인가 암시하는가? 이 절에서 우리는 도덕적 중요성에 관해서, 그리고 다음절에서는 법률 요건에 관해서 살펴볼 것이다.

인터넷에서 **유해물**의 존재는 상당히 쉽게 다루어진다. 일찍이 내가 진술한 대로 인터넷에 있는 것이 문서나 그림 자료의 형태를 하고 있는 한, 엄격히 말해서 그것은 실제로 유해하다기보다 잠재적으로 유해하다고 기술하는 것이 좀더 정확하며, 아마 틀림없이 그 입장은 다른 매체에 있어서의 입장과 다르지 않을 것이다. 만약 어떤 사람이 인터넷에서 폭탄 제조법을 배운다면 이 새로운 지식 그 자체는 다른 사람들에게 해가 되지 않는다. 다만 그것이 유해해지는 것은 사람들이 폭탄을 만들 때(또는 아마도 만들려고 할 때)이다. 좀더 즉각적인 종류의 해악은 비방이나 표절 자료 속에 있다고 생각할 수 있을 것이다. 이때 입힌 해(만약 있다면)는 글을 쓰는 일 자체에 의해서 행해진 것이며, 그 뒤에 오는 어떤 행동에 의해 행해진 것이 아니다. 그렇다고 할지라도 우리가 그런 사례들에서 특별히 새로운 어떤 것에 직면하고 있다고 생각할 이유는 없다. 만약 비방과 표절이 책이나 신문에서 도덕적으로 잘못된 것이라면 인터넷상의 비방과 표절은 도덕적으로 잘못된 것이며, 더 오래되고 더 친숙한 상황에서 그에 대항해 법적 조치를 취할 이유가 있는 한 이 새로운 상황에서 역시 그렇게 할 이유가 있다. 인터넷이라는 매체 그 자체는 거의 차이가 없다. 사실 명예 훼손과 저작권, 심지어 음란물에 관련된 법률들은 정치적으로나 법률적으로나 별 어려움 없이 확대 해석될 수 있고, 또 확대 해석되어 인터넷을 포위했다. 1996년 영국 명예 훼손법은 인터넷 서비스 제공자를 '출판업자'로 취급함으로써, 즉 그들에게 인쇄물 출판업자와 동일한 법적 책임과 의무를 부과함으로써 기존의 법률을 인터넷에까지 확대한다. 이때 곤란한 문제(좀 소송시에 있었던 이의와 관련해)가 있는 것은 사실이나, 이 법의 통과는 인터넷이 반드시 어떤 **법률상** 새로운 것들을 급조해 내지는 않는다는 일반 원칙을 예증한다. 명예 훼손 등의 행동은 인쇄되어 있는 것보다 인터넷에서 적발하기 더 힘들지도 모른다. 그러나 이것은 종류의 차이는 아니며, 그 정도에 있어서도 그다지 많은 차이가 나지 않을지도 모른다. 세상의 인쇄물의 양 역시 방대하다는 것을 기억할 가치가 있다. 영국에서만도 1년 동안 출판된 새로운 출판물의 수는 10만에 근접했으며, 그렇게 엄청난 수의 책에는 발견되지 않고 지나간 명예 훼손적 자료와 표절 자료가 들어 있을 가능성이 대단히 크다.

컴퓨터 절도와 사기에 대해서도 유사한 지적을 할 수 있다. 이 역시 폭탄 제조 사례보다 좀더 직접적으로 해가 될 수 있다. 컴퓨터의 재산 기록을 줄이는 것은 재산이 줄어든 것과 분간할 수 없기 때문이다. 그러나 이런 범죄는 세계에 널리 존재하는 바로 그 도덕적 비난과 법적 교정을 받지 않으면 안 된다. 컴퓨터 절도와 사기를 색출하고 기소하는 것은 더욱 어려울지 모르지만, 이것이 도덕적 또는 법적 요소들을 더욱 복잡하게 하거나 더욱 흥미롭게 하지는 않는다.

해악과 법에 대해서는 좀더 이야기될 것이 있지만, 나는 인터넷에 존재하는 유해(잠재적으로 해로운 것과 대립하는 것으로서의) 자료가 특별히 새로운 규범적 쟁점들을 제기하지는 않는다고 생각하고 싶다. 사람들이 음란물을 더욱더 걱정하고, 또 인터넷이 영국의 소녀 사냥꾼과 그 동류에게 지정하는 영역을 비교적 '평범한' 악한과 범죄자들에게 제공하는 편의보다 더 음험한 것으로 중시하는 듯 보이는 이유를 이것이 설명해 줄지도 모른다.

그러나 음란물이란 정확히 무엇이고, 또 그것은 왜 불쾌감을 주는가? 그 주제로 아주 많은 글들이 집필되고 있으며, 분명 그것은 인터넷 외에 다른 여러 매체들——예를 들면 서적·잡지·비디오·영화·사진——에도 적용되는 하나의 쟁점이다. 따라서 음란물의 일반 특성을 조사하는 것 외에도 우리는 음란물의 매체로서의 인터넷의 특성에 관해 이야기될 수 있는 것이 있는지, 있다면 무엇인지 유의할 필요가 있을 것이다. 사전은 음란물을 "그림·저술·영화, 그리고 이에 필적하는 것 중 추잡한 것"으로 정의한다. 그것은 추잡한 것을 "의식이나 감각에 불쾌감을 주는 것"으로 정의한다. 사전적 정의와는 대조적으로 법률상의 정의는 그것의 영향력에 의해서, 특히 "타락시키고 부패시키는 경향을 갖고 있는 것"이라는 유명한 문구로 외설의 성격을 나타내는 경향이 있었다. 양쪽 정의의 고민은 그것들이 원처럼 돌아가는 듯 보인다는 것이다. 그것들이 **피정의항**만큼이나 대단히 불명료하고 반론이 있을 수 있는 용어들을 **정의항**에 사용하기 때문이다. 만약 우리가 "음란물이란 정확히 무엇**인가?**"라고 질문할 수 있다면 확실히 우리는 "불쾌하다거나 부패했다거나 타락시킨다는 것이란 정확히 무엇**인가?**"라고 물어볼 수 있을 것으로 보인다. 후자로 전자를 정의하는 것은 따라서 조금도 더 나은 것이 없다.

그러나 논증을 좀 진전시키기 위해서 이 원을 깨뜨릴 필요는 없다. 사전에서 말하는 "의식이나 감각을 불쾌하게 하는 것"에 대한 호소를 예로 들자. 이 말로 우리가 의미하는 것이 정확히 무엇이든 우리의 의식과 감각이 불쾌한 자료에 노출되면 불쾌해질 수밖에 없음은 분명하다. 이것은 즉시 그 주제에 대해서 추가로 얼마간 밝혀 준다. 우선 이런 식의 특징이 있는 음란물은 그것이 감지되기만 하면 본질적으로, 또 자연히 존재할 수가 없다. 둘째 음란물의 성격은 그것을 감지하는 사람의 마음에 따라 어느 정도 좌우된다. 예를 들어서 어린아이는 그것의 외설스러움을 의식하지 않거나 거기에 영향받지 않고 그림을 볼 수 있다. 이 두 관찰로부터 음란물은 **관계 속**에서만 문제가 된다는 결론이 나온다. 나는 내가 보거나 읽지 않은 것에 의해서 불쾌해질 수 없다. 각 개인은 음란물을 묵살함으로써 음란물의 효과를 없애거나 무효로 만들 기회를 갖는다는 결론이 나온다. 이때 음란물은 유해물과 뚜렷이 구별되어야 한다. 해악과 위해의 부정적인 성격은 묵살로써 무효화할 수 없다.

이제 몇몇 매체와 관련해서, 음란물을 묵살하는 것은 말하기만큼 행동하기 쉽지 않다고 주장할 수 있다. 광고판과 공영 방송국은 싫어하든 좋아하든 막무가내로(또는 적어도 그들이 그렇게 할 수만 있으면) 대중에게 강요하며, 때때로 이것은 서적 가판대에도 해당된다. 이것은 그렇다고 하기로 하자. 하지만 만약 그렇다면 그것은 인터넷상의 음란물을 다른 곳의 음란물보다 **덜** 염려하게 한다. 내가 음란물을 서핑하기로 들면 거기에는 엄청난 양의 음란물이 있을 테지만, 만약 그러지 않기로 하면 나의 의식과 감각은 다치지 않은 채 남아 있을 것이다.

또 하나의 문제는 음란물의 근본적 주관성에서 발생한다. 그것을 제대로 평가하기 위해 우리는 여기에서 주관성이 무엇을 의미하는지 분명히 해야 할 필요가 있다. 음란물의 **유해함**이 주관성에 있다는 것을 의미하는 것이 **아니다**. 다시 말해서 우리가 그것을 나쁘다고 생각해야 나쁘다는 것이다. 이것을 추정하려는 경향이 요즈음 만연한다. 부분적으로는 음란물에 대한 사람들의 자세가 상당히 많이 다르기 때문이고, 부분적으로는 대체로 도덕적인 주관주의가 일반적으로 갖는 견해이기 때문이다. 그러나 도덕적인 주관주의의 진상이 무엇이든간에 성과 폭력에 대한 외설스런 묘사와 그에 대한 호의는 객관적으로 나쁘다는 생각과, 동시에 그것들은 (《기도서》의 말에 의하면) '정신을 폭행해 상처를 내는' 결과를 가져올 수 있다는 생각에는 의견이 일치한다. 이 강력한 구절이 표현하는 것은 특정 종류의 판타지에 탐닉하는 것은 주로 사고와 인격에 영향을 끼친다는 견해이다. 음란물이 **본질적으로** 주관적이라는 것, 곧 행동의 옳고 그름의 문제라기보다 **정신**의 깨끗함과 더러움의 문제라는 것은 바로 이런 의미에서이다.

내가 보기에는 그런 차별이 있다는 것을 부정하기는 어려울 듯하다. 현대에는 사고와 인격의 상태가 좋든 나쁘든 이것들로부터 기원한 외적인 행동 속에 사고와 인격의 상태의 진가가 고스란히 들어 있다고 생각하는 아주 확고한 경향이 있다. 그래서 음란물이 갖는 본질적으로 주관적인 성격은 묵살하고, 오로지 그것이 원인이 되는 또는 원인이 된다고 주장하는 객관적 해악에 의해 그것의 옳고 그름만을 논하는 상응하는 경향이 있다. 그러나 말하자면 아주 전율적인 어린이 포르노를 찾아 음미하는 데 많은 시간을 보내지만, 결코 어린이를 상대로 공공연한 행동을 저지른 적은 없는 어떤 사람의 경우를 쉽게 상상할 수 있다. 표면적인 결과에 의하면 그들의 관심사는 무해하며, 이런 까닭에 많은 사람들이 그것이 '실제로' 잘못된 것인지 의아히 여길 것이다. 그러나 이 사람들 중 대부분은 자기들이 이 사람의 관심을 공유한다 해도 그 사실을 인정하기를 수치스러워할 것이라고 나는 주장한다. 《인명 사전》이나 그와 유사한 출판물의 관심 분야 목록에 '어린이 포르노'를 넣는 것은 대부분의 사람에게 있어 상상도 할 수 없으며, 부주의로 그것이 출판되면 이는 당혹과 수치를 불러일으키게 된다. 그러나 만약 도덕적인 과오를 드러내는 유일한 표시가 눈에 보이는 해를 끼치는 것이라면 부끄러워할 것이 무엇인가? 대답은 아무것도 없다는 것이다. 부끄러워할 것이 있기 때문에, 눈에 보이는 해를 끼치는 것이 도덕적인 과오를 드러내는 유일한 표시가 될 수는 없다는 결론이 된다. 그게 아니라면 무엇일까? 그 대답은 그것이 다른 사람들에게 상처를 입히거나, 다른 사람들을 놀라게 하든 아니든 발각되어야만 지저분한 사고와 인격 상태를 드러내게 된다는 것이다.

옛말을 빌려 말하자면 천박한 욕구와 관심사가 있다. 사람들은 그것에 저항 못하고 끝내 그렇게 하거나 고집스럽게 거기에 탐닉한다. 그들이 행하는 것은 도덕적 인격과 관계된다. 그들이 사람들을 대하는 겉으로 보이는 모습이 특별히 이런 태도들을 반영하지는 않을지라도 다른 사람들에 대한 사람들의 생각이 관대한지 무자비한지, 경멸적인지 호의적인지 하는 것은 도덕적으로 관련된 사실들인 것이나 마찬가지이다. 과연 어떤 사람이 자신의 편의를 위해 경멸이나 혐오감을 숨기는 경우가 있을 수 있는데, 그 경우 그들의 도덕적 결함은 속임에 의해 배가된다. 도덕과 관련이 있다는 이같은 주장을 부정하고, 도덕적 청렴성에 대한 유일한 기준으로 오직 다른 사람들에게 해악의 원인이 되는지(또는 선행을 하는지)에만 초점을 맞추는 사람들은 내가 보기에 명백한 사실에도 아랑곳없이 피하려는 것 같다. 그들은 또한 셀 수 없을 정도로 많은 시인과 극작가·소설가들이 대단한 예리함과 상상력을 가지고서 탐구해 온 주제들을 도덕적이라고 아주 폄하하는 일을 범하기도 한다.

이번에는 음란물이 많은 사람들이 주장하는 사회적인 해악에 이르게 하든 않든 도덕적으로 문제가 된다고 말하는 경우가 있다. 사람들은 때때로 이 결론에 저항한다. 그것이 다른 사람들의 사생활 침해를 암시하는 것이 두렵기 때문이다. 만약 사람들이 마음속으로 은밀히 도착적인 난교 파티의 백일몽에 빠지고자 한다면 그것이 나와 무슨 상관이고, 또 내가 누구를 방해하는가? 그런 반응은 내가 보기에 최신의 사고에 있어서의 또 하나의 중요한 가설——도덕적인 것은 그것이 어떤 행동 방식을 암시하는 한에서만 의미가 있다는 것——을 나타내는 듯이 보인다. 그러나 이것이 왜 그래야 하는가? 우리가 다른 사람들에게서 너무나도 또렷하게 볼 수 있으면서도 그에 관한 아무런 행동도 하지 않는 악덕——위선·야비함·편협함——은 많다. 그러나 전혀 그런 행동을 안한 것이, 그것이 존재하지 않거나 도덕적으로 아무 의미가 없다는 것을 의미하지는 않는다. 그렇다고 가정하는 것은 이 문제들에 대한 최근의 토론에서 흔히 있는 일이긴 하나, 현대에 고유한 비뚤어지고도 정도를 벗어난 행동 지향의 도덕관을 추정하게 한다. 반대로 우리가 다른 사람들에게서 보는, 감탄하며 그것들이 우리 자신에게 나타나기를 바라는 것 외에는 역시 아무 일도 할 것이 없는 미덕들——아량·관용·용서하는 능력——이 있다.

이들 미덕과 악덕은 다른 칭찬할 만한 특성들과 마찬가지로 청천벽력처럼 나타나는 것이 아니다. 예를 들어서 명쾌하고 품격 있게 영어를 쓰는 능력은 많은 경우 아무리 노력하더라도 결코 흉내낼 것은 아니고 그저 감탄할 수 있을 뿐인 재능이다. 그러나 그것은 순전히 타고나는 것만은 아니다. 그것은 언어와 문학의 오랜 전통과의 관련 속에서만 가능하게 된다. 훌륭한 문장이 훌륭한 문장을 장려한다. 항상 또 반드시 그런 것은 아니지만 그 관계는 그럼에도 불구하고 분명하다. 도덕적 미덕에 관해서 역시 마찬가지이다. 이것들은 푸른 눈이나 갈색 머리카락처럼 '선천적'인 것이 아니다. 그것들은 사회적이고 역사적인 상황 안에서 생겨나며, 그 가능성은 도덕적 전통에 의해 전해진다. 그런 전통은 부패와 붕괴를 겪을 수 있으며, 앞장에서 상세히 설명한 인터넷을 도덕적 무정부 상태를 가져오는 계기가 되는 것으로 간주하는 이유 있는 견해를 지탱해 주는 것은 바로 부패 가능성과 붕괴에 대한 공포이다. 만약 내가 지금 주장하고 있듯이 도덕성의 중요한 부분은 행동보다 판단——**하는 것보다 생각하는 것**——

과 더 관계된다면 이것은 우리에게 인터넷의 도덕적 무정부 상태가 실질적인 행동 프로그램을 필요로 하는지, 그리고 만약 그렇다면 무엇을 필요로 하는지에 대한 문제를 남긴다. 그것이 우리가 다음장에서 되돌아갈 논제이다.

당면한 목적을 위해 이만큼은 확실하다. 인격과 그것을 평가하는 도덕적인 기준은 우선적으로 **행동**이 아니라 **존재**와 관련된다는 것이다. 그 둘이 완전히 분리되어 있다고 가정하는 것은 물론 잘못된 생각일 것이다. 동기가 나쁜 사람들은 흔히 다른 사람들에게 해가 되는 방식으로 행동한다. 반면에 사람들의 최선의 의도가 다른 사람들을 해칠 수도 있다. 어느쪽이든간에 사회 생활은 부분적으로 행동 규정에 좌우된다. 아마 틀림없이 여기가 도덕성이 적법성에 의해 보완되어야 하는 지점일 것이다.

음란물과 적법성

만약 도덕성을 다른 사람들에게 이득을 가져다 주거나 해를 끼치는 문제로 주로 생각하면 도덕성을 잘못 해석하는 것이라는 주장을 나는 지지해 왔다. 사실 아주 넓은 범위에 걸쳐 도덕적인 판단과 평가는 사고 및 인격 상태——예전에는 '영혼'이라 불리던 것——와 훨씬 더 관계된다. 이는 인터넷상의 음란물의 도덕적 영향력을 걱정하는 것은 당연히 일리가 있긴 하지만 왜 그런 걱정이 법에 호소하는 것을 보장하는 것으로 이어지지 않는지 설명한다. 사실 도덕적 미덕을 위해 필요한 법률이나 도덕적 악덕을 금지하는 법률을 제정할 수 있다는 생각에는 다소 터무니없는 점이 있다. 우리가 정말 우리에게 친절하거나 관대하거나 호의를 베풀 것을 규정하고, 비겁하거나 복수심에 불타거나 야비한 것을 금하는 법을 가질수 있을까? 나는 이를 수사적인 의문으로 받아들인다. 그 대답이 부정형

임은 명백하다.

그럼에도 불구하고 어떤 사람들이 다른 사람들에게 끼치는 해를 걱정하는 것은 확실히 일리가 있다. 만약 이것이 도덕적인 문제라면 그것은 법이 정당하게 그에 관계할 도덕적인 문제이다. 사실 그것을 선도하는 사상으로, 존 스튜어트 밀의 《자유론》 속에 대단히 탁월하게 표현된 이와 관련된 훌륭한 전통이 있다.

이 논문의 목적은, 사용된 수단이 법적인 처벌의 형태를 한 완력이건 여론의 도덕적인 강압이건 간에 사회가 강요와 단속으로 개인을 다루는 것을 단호히 다스릴 권리가 있는 아주 단순한 하나의 원칙을 주장하기 위한 것이다. 그 원칙은 개별적으로 또는 공동으로 그들 중 누군가의 행동의 자유를 간섭하는 것을 인류가 보증하는 유일한 목적은 자기 방위라는 것이다. 문명화된 공동체의 어느 구성원에 대해서 그의 의지에 반해 권력이 정당하게 행사될 수 있는 유일한 용도는 다른 사람들에게 해를 입히는 것을 막기 위한 것뿐이다. 그 사람 자신의 이익은 물질적인 것이든 도덕적인 것이든 정당한 이유가 안 된다.(밀, p.14-5)

이것은 **명백히** 분별 있는 것으로 많은 사람들에게 좋은 인상을 준 원칙이다. 하지만 그것이 출판되었을 당시에는 그에 대한 이론이 대단히 분분했으며, 현대인에게 주는 그 명료함에도 불구하고 문제가 있다고 생각될 충분한 이유가 있다. 그러나 잠깐 이것들을 문제시하지 말고 밀의 원칙을 음란물에 적용해 보자. 결정적인 질문 하나는 이것이다. 음란물이 실제로 해를 끼치는가? 앞절에서 나는 음란물의 도덕성이나 비도덕성을 숙고하는 일로 말할 것 같으면 이는 중심 쟁점이 아니라고 주장했으나, 밀이 옳다면 법이 그에 대해 어떤 자세를 취해야 할지 숙고할 때는 그것이 중심 문제이다.

"음란물이 해를 끼치는가?" 하는 의문은 철학적이나 도덕적인 의문이 아니라 경험적인 의문이다. 누구도 이를 부정하지 않으리라고 나는 생각하지만, 많은 사람들이 그것이 특별한 과학적 조사를 필요로 하는 의문이라는 것은 인정하지 않는다. 꾸며낸 것이든 실제로 있는 것이든 간에 텔레비전과 컴퓨터 화면에 폭력이 많이 나타날수록 마땅히 거리에도 더 많은 폭력이 나타날 것이라고 그들은 말할 것이다. 증거를 강요당하면 어떤 사람은 심지어 관련이 있음이 너무나 명백해서 아무런 증거도 필요하지 않다고 주장하기까지 했다. 이제 사실에 입각한 명제는 엄밀한 의미에서 자명할 수 없음을 밝히는 오래되고 널리 받아들여진 철학적 논증이 있다. 과거에는 사람들이 '명백한' 것에 대해 잘못 생각하는 일이 흔했다는 관측을 여기에 부언하라. 그리고 음란물의 영향에 대한 어떤 주장은 그에 대한 실제 증거를 제시함으로써만 입증될 수 있음이 분명해 보인다.

그러나 만약 이것이 받아들여진다면 '자명한' 관계는 증발한다. 그것은 음란물의 유해한 영향에 대한 설득력 있는 증거가 부족한 사례로 보인다. 지금까지 어떠한 실질적인 연구도 인과 관계가 훨씬 덜한 명백한 통계학상의 관계를 일반에게 확인시킨 적이 없었다. 음란물의 해로움에 대해 믿게 하고, 그 믿음을 유지시키는 데 기여하는 것들은 신문과 텔레비전에 보도된 명확하게 드러나는 사례들이다. 그러나 외관상 지극히 분명하고 뚜렷한 예조차도 그 문제를 매듭지을 수는 없다. 이것은 그것들을 궁극적으로 지지함에 틀림없는 심리적 동기 부여 이론이 서로 상이한 방향으로의 해석을 허용하기 때문이다. 일반적으로 인용되는 가장 강력한 본보기들은 '모방 범죄' ——어떤 '텔레비전 영화 속의 질 나쁜 인간' 의 세세한 점들을 그대로 따라서 하는 듯이 보이는 살인이나 폭력 행동—— 이며, 우리는 인터넷의 자료와 관계가 있는 같은 종류의 예를 쉽게 상상할 수 있다. 그러나 사실인즉 그 둘 사이의 관련은 원인과 결과가 **아니라**고 생각하는 것 역시 그럴듯하다. 오히려 그런 영상에 매료되는 어떤 사람의 심리 역시 폭력적이거나 잔학한 사람의 심리일지도 모른다. 관련에 대한 이런 설명——둘 다 동일한 근원적 원인을 갖는다는 것——과 좀 더 일반적인 주장——첫번째 것이 두번째 것의 원인이라는 것——간에 어느 하나를 결정하려면 우리에게 범죄의 유형들과 실제 범죄자들의 동기, 그리고 반사회적 행동의 심리적 이유에 관한 확고한 증거가 있어야 한다. 이 문제에 있어 어떤 것도 '이치에 맞'지 않으며, 우리에게는 이 확고한 증거라는 것이 없다. 많은 연구로부터 우리가 알아낸 것은 대부분의 연쇄살인범들과 아동 추행범들, 아주 폭력적인 사람들은 설령 이해할 수 있다고 하더라도 복합적이고 극도로 이해하기 어렵다. 이런 이유로 음란물적인 비디오를 보거나 인터넷에 너무 많은 시간을 허비하는 일이 그런 사람들 내부의 폭력의 균형에 어떤 작용을 하는지를 우리가 평가할 수 있다고 상상하는 것은 순진하다. 요컨대 아주 한눈에 알 수 있는 모방 범죄로 보이는 사례일지라도 우리는 그에 앞서 시청하거나 읽은 어떤 행동이 명백한 원인이 되는 영향력을 발휘하는지 좀처럼 추정할 수 없다. 단순히 그것이 그에 대한 더 큰 증거라고 생각할 수 없는 것이나 마찬가지로 이것이 발광의 원인이라고 생각할 이유가 없다.

내가 보기에 폭력은 폭력을 낳는다. 그러나 우리가 이것을 아주 다른 명제——폭력의 묘사는 폭력(실제이든 허구이든)을 낳는다——와 혼동해서는 안 된다. 이것은 좀더 규모가 큰 명제이며 따라서 확립하기 더 어렵다. 라디오와 텔레비전, 총천연색 잡지나 인터넷이 있기 전의 세계에도 잔혹과 폭력은 부족하지 않았으며, 오늘날의 많은 폭력은 현대의 매스컴과 중요한 연관을 갖는 것으로 보이지 않는다. 금세기의 가장 소름끼치는 대량 학살 중 몇몇——예를 들어서 캄보디아의 킬링필드나 르완다의 시민 항쟁——은 텔레비전과 비디오 · 인터넷이 거의 알려지지 않은 사회에서 발생했다.

유해한 음란물의 힘에 대한 이런 회의론에 응하는 한 방법은 경고의 조언일지도 모른다. 폭력적이고 변태적인 영상이 폭력과 변태를 일으킴을 우리가 **알지** 못하는지도 모르지만 방종보다는 신중을 택하는 것이 차라리 괜찮지 않은가? 그러나 그런 신중에도 대가가 없지는 않다. 모든 법적 처벌은 상응하는 대가——다른 시민의 자유와 관계된 대가와 법을 적용하는 데 충당해야 하는 재원과 관계된 대가——를 초래한다. 이 장 앞부분에서 우리는 인터넷을 효과적으로 단속하는 데 방해가 되는 몇 가지 주요한 실질적인 어려움들, 곧 마약 관련법들을 집행함에 있어서 어느 정도 반영된 어려움들을 개관했다. 음란물에 대항해 법에 호소하는 나라들에서 법을 적용함에 있어 성공한 기록은 썩 좋지 않으며, 많은 경우 역효과를 가져옴이 입증되었다. 금지된 자료는 맨 처음 그것이 금지되지 않았을 때보다 훨씬 더 큰 관심을 끌며, 그후 훨씬 더 구하려고 애쓰는 경향이 있다. 그런 금지는 또한 앞절들에서의 논증이 되돌아가기로 약속한 음란물의 법적 정의라는 난제를 제기한다.

음란물을 법으로 정의하는 일에는 적어도 세 가지 중요한 문제가 있다. 첫째, 영향 면에서 그것을 정의하려는 어떤 시도——'타락시키고 부패시키는 경향이 있는 것'에 대한 영국의 전통적인 시험 같은——는 이미 봤듯이 아직까지는 실질적인 근거가 없는 경험적 주장에 의거한다는 것이다. 둘째, 대안으로 '감각에 불쾌감을 주는 것'에 대한 시험에 의존하는 것은 계속해서 바뀌는 여론의 경향에 법을 종속시키는 것이다. 2,30년 전에는 틀림없이 감각에 불쾌감을 주었을 자료를 지금은 황금 시간대의 텔레비전에서 발견할 수 있다. 이것은 법 적용에 중대한 불공평을 끌어들인다. 그들이 서로 다른 일을 했기 때문이 아니라 같은 일을 단지 서로 다른 때에 했기 때문에 사람들이 서로 다르게 다루어질 수 있음을 의미하기 때문이다. 셋째, 같은 자료가 아주 다른 행동으로 여겨질 수 있는 여지가 있다. 예를 들어서 1998년 한 영국 학생이 음란물을 현상하려고 상업 현상소로 가져갔다. 현상업자가 사진을 보고 그 학생을 경찰에 신고했다. 그들은 사진을 압수하고 그것들을 복사한 원본을 추적해 파기해 버리려고 했다. 이 모든 것은 사진의 내용을 토대로 해서 벌어진 일이었다. 그러나 사실 그 학생은 미국의 화가이자 사진 작가인 로버트 메이플소프의 작품을 연구하는 중으로, 학교 도서관에서 그 책을 빌려 학위 논문을 쓸 목적으로 사진을 복사했던 것이다. 문제의 사진들은 감각에 불쾌감을 주는 시험에 통과할 것이 당연하지만, 우리가 그 **학생**이 음란물을 제작하거나 유포하는 일을 하지 않았는지 보기 위해 (비록 이것이 중요하게 연관된 질문이기는 할지라도) 메이플소프의 원본이 예술인지 음란물인지에 대해 논의할 필요는 없다. 역으로 대부분의 사람들에게 비교적 무해하게 느껴질 자료가 외설적인 목적으로 비밀스럽게 유통되는 경우들을 상상하는 것이 가능하다. (이것은 사실 '품행이 나쁘다'는 것에 대해 재미있게 순진한 생각을 가질 수 있는 어린아이들 사이에서 가끔씩 일어난다.) 요컨대 내용에 의해서 법률적 용도나 기타 용도로 음란물을 정의하는 것은 가능하지 않다. 그러나 만약 이것이 가능하지 않다면 우리는 인터넷이나 다른 매체에서 발견되는 것을 목표로 인터넷이나 다른 어떤 매체를 단속하려 할 수 없다.

그렇다면 지금으로서는 음란물을 형법의 규정에 종속시키려는 입장은 힘이 약하다. 그러나 만약 우리가 더 급진적인 의문을 제기하면 또 다른 반론이 나온다. 어쨌든 밀의 유해 원칙을 받아들일 충분한 이유가 있는가? 다른 사람들에게 해를 끼치는 일을 막는 것은 많은 사람들에게 무엇이 형법 체계에 포함되어야 하고 또 포함되어서는 안 되는지 결정하는 대단히 분별 있는 시험이라는 인상을 주지만, 그럼에도 불구하고 상당히 명백한 반론이 많다. 그 원칙은 법에 어긋나는 무엇을 만들기 위해서는 필요 또는 충분 조건을 규정할 것을 전제로 하는가? 다시 말해서 어떤 행동이 다른 사람에게 해롭다는 사실은 그것이 법으로 정당하게 금지된다면 충족되어야만 하는 **하나의** 조건인가, 아니면 이 사실은 충족될 필요가 있는 **유일한** 조건인가? 우리가 그것을 어떻게 해석하든, 그리고 계속해서 그것들이 가능성들을 고갈시켜 버리는 듯할지라도 어느쪽에도 적합하지 않지만 자유 사회라면 다른 견해를 받아들여야 하는 행동들을 생각하기란 쉽다. 그것을 어기는 일이 솔직한 의미에서 아무런 해도 입히지 않을지도 모르는 권리들이 있다——예를 들면 사생활의 권리. 엿보기 좋아하는 호색가들과 스토커들은 두려움과 불안을 일으킬지도 모르나, 설령 그들이 그렇지 않더라도 그들이 주시하는 사람들은 정당하게 사생활권을 주장할 수 있다. 해를 끼치려면 처벌에 필요한 조건이 그런 권리 침해를 허용하는 법을 필요로 할 것이다. 반면에 만약 우리가 밀의 원칙을 충족이라는 점에서 보아 해석한다면 또 다른 종류의 행동이 어려움을 드러낸다. 법으로 만드는 것이 일상 생활에 대단히 손해가 되는 해로운 행동들——번창하는 상업상의 경쟁이 한 예이다——이 있다. 경제적 보호주의는 자유 무역이 기존의 이해 관계에 끼칠 해를 막으려는 시도나, 그것이 그런 해를 막는 일을 목표로 한다는 단순한 사실만으로는 분명히 그것을 받아들일 수 있게 하거나 정당화할 수 있게 만들지 않는다. 밀이 말한 위해 조건은 원래 경제에 있어서의 **자유방임주의**라는 좀더 일반적인 상황 안에서 제안된 까닭에 이것이 함축하는 의미는 각별히 풍자적이다.

그렇다면 음란물이 해를 끼친다는 경험에서 나온 주장의 신빙성을 의심하는 것뿐만 아니라, 그것이 사실이라면 법적인 처벌이나 통제의 충분한 근거가 있는 기초가 되는 가설에 이의를 제기하는 것은 충분히 일리가 있다. 일단 우리가 이 결론을 앞절의 결론에 덧붙이면 인터넷을 단속하는 것을 **상대로 한** 사례는 이런 종류의 논증으로서는 가장 결정적인 것으로 보인다. 그것은 다음과 같이 요약할 수 있을 것이다.

첫째, 실행 가능성의 문제가 있다. 우리는 이것이 단지 기술적 수단의 이용 가능성의 문제가 아님을 봤다. 인터넷의 성격을 가정할 때 효과적으로 단속하는 데 확실히 기술적인 장애가 있지만, 그 자체 안에서 이것들은 극복될지도 모른다. 그러나 일단 정치적 가능성과 국제 관계, 정부 자원의 전개라는 좀더 광범한 맥락 속에 놓고 보면 통신망을 단속하는 일의 실용 가능성은 극적으로 사그라져 버린다. 인터넷이 만들어 내서 유포하는 데 사용될지도 모르는 몇몇 자료를 걱정하는 것이 일리가 있다면 이것은 우리를 괴롭힐 것이다. 더욱 분명하게 해로운 자료——폭탄 제조법과 같은——는 확실히 걱정할 정당한 이유가 되지만 그것은 다른 매체의 경우에 있어서도 마찬가지이며, 인터넷이 우리에게 기존의 통제 방식을 적용할 수 없는 특별히 새로운 것을 제공한다고 생각할 이유는 없다. 음란물의 경우는 다르다. 하지만 이것에 대해서는 도덕적으로 염려할 얼마간의 이유가 있는 반면, 도덕성에 대한 올바른 이해는 그 걱정의 근원은 사회적으로 해로운 행동에 있는 것이 아니라 사고 및 인격을 타락시킬 가능성에 있음을 암시한다. 그럼에도 불구하고 그런 타락이 행동으로 이어질 수 있음을 인정하면 여기에 법이 할 역할——해를 끼칠 정도로 지나친 것에 한계를 정하는 것——이 있다는 생각에 주의를 기울이는 것이 당연하다. 그러나 동시에 이 생각은 의심의 여지가 있는 두 가설——즉 음란물과 유해한 행동 간에는 확립할 수 있는 인과적 관련이 있다는 것과, 해를 끼치는 것은 본질적으로 법적 제한을 할 충분한 이유가 된다는 것——에 놓여 있다. 이들 주장 중 어느것도 입증될 수가 없다. 그러므로 우리는 법이 저작권, 사기, 명예 훼손, 지적 재산의 도용 등과 관련해 다른 매체에 대해 하는 그리고 오랫동안 해온 역할 외에 법이 인터넷에 관해 할 역할은 없다고 결론내릴 수 있을 것이다.

제5장의 논증에서 주어진 그런 부정적인 결과에 대해 우리가 어떻게 만족할 수 있을까? 이는 인터넷이 도덕적 무정부 상태의 도구라는 두려움에 어떤 실체가 있음을 보여 주기 때문이다. 이 문제에 역점을 두어 다루기 위해서는 불안을 일으키는 단 하나의 실제적 이유는 도덕적이라는 점과, 이것은 사람들이 서로에게 무엇을 행하게 될 것인가 하는 문제가

아니라 사람들이 어떤 사람으로 되어갈 것인가 하는 문제와 우선적으로 관련된다는 점을 깨달아야 한다는 것이다. 인터넷의 출현이 그럴듯하게 유발하는 두려움은 무법 상태에 대한 가망에 있는 것이 아니라 무가치함에 있다. 그것은 부분적으로 일찍이 언급했던 닐 포스트먼의 저서 중 하나의 제목——《죽도록 즐기기》——에서 포착되는 두려움이다. 이것이 우리가 되기를 바라는 사람들과 사회인가? 이 시점에서 더 넓은 범위의 문제들이 제기된다. 인터넷은 단지 우리가 알고 있는 사회의 연장이자, 어쩌면 타락으로 간주되어야 하는가? 아니면 인터넷은 새로운 형태의 사회 및 공동체의 가능성을 제시하는가? 러다이트족들은 인터넷의 부정적인 사회적 양상에 초점을 맞출 것이다. 기술 애호족들은 그것이 약속하는 긍정적인 사회적 진보를 강조할 것이다. 그 중 어느것이 옳은가? 이것이 다음장의 논제이다.

7

새로운 공동체

인터넷은 우리가 이해하듯이 단지 사회를 해체하는 것인가, 또는 아주 새로운 사회 형태들을 만드는 것인가? 암울한 견해를 갖는 사람들은 중대한 반론 쪽을 받아들인다. 왜 사회 분열이 진전된 것에 대한 책임을 인터넷에 강요하는가? 도덕적 무정부 상태로 내리닫는 것이 도를 더하는 한 그 책임은 인터넷 자체에 있는 것이 아니라 인터넷이 생겨나게 한 사회와 문화에 있다. 인터넷이 급진적 개인주의의 범위를 더욱 확대시킨다고 주장하는 것을 받아들이기란 어렵지 않은 반면, 개인주의 자체는 인터넷이 달성한 또는 달성했을지도 모르는 그 어떤 것보다도 훨씬 더 광범위하고 훨씬 더 오래된 사회 변화의 산물이다.

개인, 공동체, 그리고 이익 집단

네오러다이트족을 향한 이런 답변으로 우리는 수십 년 동안 사회학과 정치철학의 상투적인 수단이 되어 왔던 주제에 대해 간단히 언급한다. 한동안 사회학자들은 그 중에서도 특히 (결국 인터넷이 시작되고 가장 널리 사용되는 곳인) 미국에서의 사회 조직의 쇠퇴와 분열, 그리고 만연한 정치적 소외에 대한 증거를 수집하고 있었다. 증거는 너무 광범위해서 되풀이해 말할 수 없으며, 하물며 여기에서 개관할 것이야 없지만 그 가장 두드러진 결론의 약간을 유용하게 지적해도 괜찮을지 모른다. 이들 중 주요한 것은 전통적인 가족 단위의 쇠퇴이다. 효과적인 가족계획의 출현과, 비교적 쉬워지고 또 극적으로 증가한 이혼, 그 결과 편부모 가족 및 단독 세대가 증가한 것은 서로 긴밀히 관계되는 변화들로 미국 도시 중 어떤 곳에서는 전통적인 가족——아버지 1명과 어머니 1명이 그들 자녀의 단 하나뿐인 가정을 관장하는——이 아주 소수에 이르는 정도까지 서로를 부추겨 왔다. 둘째, 이번에는 이 변화(그렇게 주장한다)가 임의 단체의 회 원 수를 급격히 떨어뜨려, 세기 중엽 이후 하락률은 25퍼센트에서 50퍼 센트 사이로 다양하게 계산된다. 셋째, 이 경향은 더욱 커진 노동 이동성 과 그에 따른 지리적 분산으로 인한 가족과 다른 사회적 유대의 파괴로 이 어졌던 교육 및 생활 수준의 향상으로 더욱 심해진다. 출생 때나 성인이 되 어서나, 양육이나 유산 상속에 있어서 개인들은 이전에는 그들을 단결시 켰던 가족과 공동체의 유대로부터 점점 더 자유롭게 떠돌아다니고 있다.

미국에 해당하는 것은 서유럽에도 해당하는 것으로 볼 수 있으며, 20세 기 세계의 나머지는 아주 여러 가지 점에서 미국을 따라가는 터라 현재는 분열이 덜 두드러지는 곳에서조차 미래에는 더욱 그렇게 될 것임을 예상 할 수 있을 것이다. 이렇게 개별적인 행위자들에 의해 사회 집단이 치환되 는 것은 훌륭한 자발적인 조직체들의 붕괴보다 더 놀라운 측면이 있다. 엄청나게 증가한 연쇄살인자들의 발생률에 대해 연구해 온 사람들은 점 차 심리학적인 설명에 반대하고, 좀더 사회적인 설명으로 눈을 돌렸다. 엘 리엇 레이튼의 말처럼 "만약 살인자들이 그저 미친 것이라면 왜 그들은 정신병 의사들이 동의한 정신병을 특징짓는…… 실제로 확인할 수 있는 여러 임상적 증상들을 좀처럼 나타내지 않는가?" 증명하기 어렵긴 하지 만 그런 현상에서 깊숙한 사회적 변화, 즉 철저히 소외된 '단독으로 행동 하는 사람들'이 증가한 결과 일상 생활의 초점이 공동체로부터 개인에게 로 급격히 이동되는 증거를 보고 있다는 것——개별 사례들에 대한 몇몇 심층적인 연구가 무엇인가를 해서 입증한 제안——이 좀더 그럴듯해 보인다.

　이 분열의 근본 원인은 무엇인가? 비교적 진부한 한 가지 설명은 텔레비전의 발명과 급속한 보급이다. 대체적으로 오늘날 선진국 사람들 대부분의 가장 일반적인 소일거리는 텔레비전 시청——사적이고 비사교적(반사교적이라고 할 사람도 있을 것이다)인 활동——인 듯 보이기 때문이다. 그러나 우리는 근본적인 설명으로 도저히 이것에 만족할 수 없다. 텔레비전의 대중적 인기는 적어도 공동체 활동의 쇠퇴 원인인 만큼이나 한 증상이라고 주장하는 것이 그럴듯해 보이기 때문이다. 게다가 만약 이야기할 것이 이것뿐이라면 우리는 취향과 여가 추구에 있어서의 변화를 보여 주는 것보다 훨씬 더 많은 증거를 가져서는 안 될 것이다. 사실 너무 많은 것이 사회적인 풍조로 해석되는 위험이 있다. 예를 들어 로버트 D. 푸트남은 미국에서 볼링하는 사람들의 전체적인 숫자는 1980년에서 93년 사이의 기간 동안 10퍼센트 증가한 반면 볼링연맹 경기는 40퍼센트 감소했다고 진술했다. 그는 이것을 '미국의 사회적 자금의 이상한 실종'으로 해석해 이 주제로 쓴 그의 독창적인 논문의 부제로 달았다. 그러나 그의 주장이 갖는 설득력이 어떻든 사실 그 자체는 단순하고 좀더 피상적인 설명, 곧 유행의 변화와 일치한다.

　그럼에도 거기에는 유행 이상의 것이 작용하고 있는 것으로 보인다. 로버트 벨라의 공동 집필로 호평을 받은 연구, 《마음의 습관들》에서 (미국에서의) 공동체의 분열 현상은 이전에는 참가자들이 공동의 목적을 위해 함께 일할 수 있게 했던 사회적 망상 조직들——교회·동아리·노동조합 등——이 심각하게 쇠퇴한 것을 벨라와 그의 공저자들이 발견했을 때 어느 정도 확인되었다. 계속해서 그들은 이 쇠퇴와 공유하는 종교 및 도덕적 견해의 소멸 간의 관계를 가정했다. 내 방식의 전문적인 표현으로 말하면 그들은 공동체에 참여하는 일의 **의미**를 잠식함으로써 그것을 쇠퇴케 한 도덕적 무정부 상태가 기저에 자라고 있음을 기정사실로 간주했다. 경험적인 증거가 정말로 그런 가설을 입증하기 위해서 만들어질 수 있는지는 광범위하고 아주 어려운 문제이다. 부분적으로는 그것이 세속화라는 훨씬 더 광범위한 (그리고 더욱 오랜) 주제——사회 이론가들이 적어도 1840년대의 프리드리히 엥겔스 이후 간파했다고 주장한 종교로부터 비종교적인 삶의 개념과 그 가치로의 급격한 변화——를 제기하기 때문이다. 그러나 상당한 신빙성을 갖고서 그런 주장을 감히 할 수 있다는 바로 그 사실이 현대 사회학의 연구를 최근 정치철학에 있어서의 지배적인 주제 중 하나와 결부시키고, 따라서 이 책의 논제들과 결부시킨다. 이는 자유주의와 공동체주의 간의 논쟁이다.

자유주의자 대 공동체주의자의 논쟁은 변화하는 사회 경향에 관한 경험적 지식과 관계되는 것이 아니라 사회 생활에서 서로 맞서는 개념들의 기초에 놓인 근본 철학 사상과 관계된다. 그 논쟁은 그러나 하나의 문제로 이루어져 있지 않고 서로 연결된 일련의 문제들로 되어 있으며, 그 중 몇 몇(전부는 아니지만)은 개인과 공동체 간의 관계를 다룬다. 한편 이 논쟁에서는 '공동체'라는 말이 일익을 담당하나, '공동체주의'로 알려진 것에 대한 대부분의 해석은 공동체라는 용어 자체를 실제로는 그다지 많이 사용하지 않는다. 자유주의는 그 다양함 속에서도 대부분의 경우 확실히 개인에게 중심 위치를 할당하는 사회 신조로 해석될 수 있는 것이 사실이다. 개인과 공동체를 구분짓는 철학적으로 중요한 대비가 있는 것 또한 사실이다. 그럼에도 불구하고 공동체주의란 공동체에 도덕적 중심 역할을 부여하는 신조라고 마찬가지로 쉽게 규정되는 실정은 아니다. 과연 공동체주의는 결코 긍정적인 사회 신조가 아니라는 주장을 펼 수 있는 무엇인가가 있으나, 내가 보기에는 공동체주의에 대한 서로 다른 해석에 따라서 단순히 자유주의적 개인주의를 부정하는 것과 자유주의가 거부되는 근거는 다르다. 이들 두 철학적 입장 간의 중심 쟁점은, 적어도 그것들이 현대의 정치철학 속에 상세히 설명되었듯이 공동체와 개인의 상대적 우선권이 아니라 '옳은 것'과 '좋은 것' ——다시 말해서 사회 조직의 원칙과 인간 삶의 가치 간의 상대적 우선권이라고 주장하는 것 역시 충분히 일리가 있다.

이것들은 머지않아 되돌아가야 할 문제들이지만 철학 밖에서——의견과 사건의 세계에서——'공동체'는 거의 모든 입에 오르내리는 유행어, 즉 이제 아무 의미도 없다고 말해도 좋을 정도까지 사용되거나 남용되는 단어가 되었다는 것은 주목할 가치가 있다. 그 결과 그것은 한때 그것이 갖고 있었던 기술적(記述的) 정확성을 상실하고, 다만 어렴풋이 명확한 '쓸데없는 소리'만을 보유한다. 일반적인 용법이 어떤 것을 나타내 준다면 지방 공동체, 동성애자 공동체, 과학 공동체, 사업 공동체, 농업 공동체, 그리고 심지어는 국제 공동체에 모두 한꺼번에 속하는 것이 가능하다. 사실 우리가 끝내 어떤 공동체의 일원이 되지 않을 수는 없을 듯이 보인다. 그러나 만약에 그렇다면 이것은 공동체의 구성원이란 아무런 의미도 아님을 보여 줄 뿐이다.

쉬운 말로, 그 단어의 이런 분명치 않은 사용과 공동체주의라는 언어를 예로서 인용하는 철학적 논쟁 사이에는 어떤 관계가 있나? 그리고 철학적 논쟁과 사회학자들의 발견물, 또 사회적 정책 입안자들의 관심 간에는 어떤 관계가 있나? 우선 용어가 불분명한 이유를 밝혀야 비로소 이들 질문에 대답할 수 있을 것이다. 이것은 그것의 '진짜' 의미가 무엇인지 **발견**함으로써가 아니라, 그것이 유용하고 중요한 지적 작업을 할 수 있게 해 줄 의미를 그것에다가 **부여**함으로써 공동체 개념의 좀더 정확한 의미를 확립할 것을 요구한다.

제한적이지만 비교적 정확하게 그 용어를 아직도 사용하고 있는 하나의 상황에 주목함으로써 우리는 이 임무를 시작할 수 있다. 이것은 '종교적 공동체'라는 구절 속에 있다. 그 말을 정확하게 사용하고 있는 사람들에게 종교적 공동체는 종교적인 조직——그것은 예를 들어서 신도들이나 교파, 교회나 교구가 아니다——일 뿐만 아니라 공동체의 생활과 공동 활동에 대한 일련의 매우 구체적인 규칙들에 따르는 조직체로, 개인은 수련 기간을 거친 후에 받아들여진다. 가장 분명한 예는 수녀원과 수도원이며, 다른 종교적 공동체들도 있지만 내가 본보기로 삼을 것은 바로 이것들이다. 대체 수도원이나 수녀원의 어떤 특징이 그것을 공동체로 만드는지는 좀더 숙고해야 할 테지만, 우리가 그것들을 어떻게 특징짓든간에 그것들은 현재 상투적으로 사용하는 공동체와는 뚜렷한 대조를 보일 수 있음을 분명히 해야 한다. 동성애자 공동체도, 사업 공동체도, 더욱이 국제 공동체도 이런 의미에서의 공동체가 아니거나 될 수가 없을 것이다.

이 중에 앞의 두 표현(내가 보기에 세번째 표현은 너무 거대해 아무 의미가 없다)에서 하나의 단일체로서 생각되고 있는 것은 사실 관심들이 무리를 이룬 것——구성 원칙에 의해서가 아니라 공통되는 관심을 갖는다는 우연한 사실에 의해서 함께 단결한 개인들의 집단——이다. 그것이 벨라와 그의 공저자들이 '이종 문화권'——'공동체'와 대조를 이루는 용어로 내가 사용하려는 것——이라 부르는 것이다. 우리는 '이익 집단'이라는 표현이 애매모호함에 유의해야 한다. 그것은 같은 것에 흥미를 갖고 있는 개인들의 집단이나, 물질적·경제적 또는 다른 관심들이 일치하는 개인들의 집단을 의미할 수 있다. 첫번째 의미로는 우표 수집가들과 헤로인 중독자들이 이익 집단이다. 두번째 의미로는 농부와 증권 중개인들이 그렇다.

이 두 의미의 이익 집단은 물론 현실적으로 배타적이지 않다. 같은 것들에 관심이 있는 사람들이 또한 바로 그같은 것들이 그들과 이해 관계도 있음——다시 말해서 이익을 주건 손해를 주건——을 발견할 수 있으며, 그 둘이 일치하는 곳에 내가 벨라를 따라 '이종 문화권'이라 부르려는 것이 있다. 이 반(半)전문 용어의 장점은 또 하나의 개념인 엄격한 의미로서의 공동체와 대조를 이루는 한편, 개념적으로 구분되는 이권 의식들에 대해 상당히 공통되는 시공상의 범위를 나타내는 명칭을 부여한다는 것이다. 셋 모두——이익 집단, 이종 문화권, 공동체——기록상 중요한 구분이 가능한 개념들이나 '공동체'의 일반적인 용도는 흔히 뒤죽박죽으로 쓰인다. 나는 '주관적인 이익 집단'과 '객관적인 이익 집단'을 구별함으로써 함께 '이종 문화권'을 구성하는 관심의 두 가지 의미를 구분할 것이다. **주관적**인 이익 집단은 그 구성원들이 우연히 같은 것들에 관심을 갖는 무리들로 되어 있다. **객관적**인 이익 집단은 그 구성원들이 사실상 같은 것들에 의해 유리하거나 불리하게 영향을 받는 집단이다.

그렇다면 이종 문화권은 양쪽 모두의 의미에서 이익 집단을 형성하는 사람들의 무리이다. 그것은 느낌과 사실에 의해서 단결된다고 말할 수 있을 것이다. 그런 이종 문화권과 엄격한 의미에서 소위 공동체라는 것 간의 차이는 무엇인가? 적어도 종교 공동체라는 개념을 우리의 지침으로 받아들이면 이종 문화권에는 없지만 공동체에는 있는, 분리해 낼 수 있는 적어도 하나의 특징이 있다. 예를 들어서 수녀원은 같은 것에 관심이 있는——이를 테면 예배와 말기 환자들을 간호하는 일——사람들로 이루어져 있다. 객관적으로 동일한 것들이 그들에게 영향을 주는 입장——예를 들어서 정부의 보건 정책이나 종교의 자유에 대한 법——에 있는 것 역시 사실이다. 그러나 주관적이면서 객관적인 관심의 결합조차 공동체의 구성원을 만들어 내기에는 불충분하다. 세속적인 병원에서 종교적으로 경도된 간호사는 두 집단 모두의 구성원일 것이 분명하나, 그러나 **추측건대** 문제의 공동체의 구성원은 아니기 때문이다.

부족한 구성 요소는 이것이라고 나는 생각한다. 소위 엄격한 의미에서의 공동체 구성원들은 규칙의 지배를 받으며, 이 규칙이 그들의 객관적 관심이 무엇인지와 그들의 주관적 관심이 무엇**이어야** 하는지를 결정한다. 두 결정은 일부는 규칙 자체의 내용에 의해서, 일부는 그 권위 자체가 규칙의 권위에서 나오는 지위, 즉 상관——수도원의 대수도원장과 수

녀원의 다른 상관——으로 알려진 지위에 의해서 달성된다. 용어를 단순화하기 위해서 나는 그런 공동체의 구성원들은 단지 **우연하게가** 아니라 **본질적으로** 서로 밀접한 관계가 있다고, 같은 요지를 다른 말로 표현하면, 공동체**로서의** 그들 공통의 정체성은 서로 인정하는 권위에 그들이 나타낼 의무가 있는 복종에 의해서 규정된다고 쉽게 말할 것이다.

이 세 특징들 —— 객관적 관심과 주관적 관심, 규정된 권위가 소위 엄격한 의미에서 공동체라는 것을 함께 구성함을 받아들인다고 하자. 종교적 공동체는 별문제로 하고 다른 무엇이 적절한 공동체로 규정될 수 있을까? 오늘날 일상적으로 하는 말 속에서 공동체로 불리는 대부분의 것들에는 그 세 특징 중 하나 이상이 결여되어 있음이 분명하다. 예를 들어서 동성애자들의 공동체는 주관적인 이익 집단이나 규정된 권위에 종속하지 않는다. 더욱 재미있는 것은 그 구성원들이 동일한 것들에 의해 모두 유리하거나 불리하게 영향을 받지는 않기 때문에 동성애자 '공동체'는 객관적인 이익 집단도 아니라고 주장할 수 있다. 대조적으로 사업 공동체는 객관적인 이익 집단**이다**. 반드시 그렇지는 않을지라도 아마 그것은 주관적인 이익 집단이기도 할 것이다. 그것은 우리가 주관적인 이익의 특징을 어떻게 기술하느냐에 달려 있다. 총기를 제조하는 사람들이나 버터를 제조하는 사람들은 어느 면에서 같은 것들에 관심이 있는 것인가? 이에 대해 우리가 무슨 말을 하든, 비록 일반적인 법에 (다른 모든 것들이나 마찬가지로) 종속되긴 하지만, 상공업의 세계는 어떤 **규정된** 권위에도 종속되지 않음이 분명하다. 무슨 목적으로 또 무슨 수단에 의해서든 거래를 다루는 사람은 사업에 종사한다.

수도원의 담 밖에서 엄격한 의미의 공동체가 될 가능성을 보여 주는 예는 정치적 공동체에서 발견될 것인데, 거기에서 이 표현은 단 하나의 확인할 수 있는 합법적 재판권과 주권 국가를 나타낸다. 국가의 시민들은 객관적 이익 집단을 형성하며, 그것이 우리가 '국익'이라고 말할 수 있는, 또한 규정된 권위——법——에 종속한다고 그럴듯하게 이야기될 수 있는 이유이다. 다시 말해서 정치적 공동체의 회원 자격이 인정되고, 부여되며, 보류되고, 거부되는 발견할 수 있는 규칙과 절차들이 있다. 그러나 **도시국가**는 주관적인 이익 집단이 아니며, 흥미롭게도 이것이 그것의 규정된 권위의 역할에 한계를 부여한다. 의회에서 누가 영국 시민권을 보유할지 정할 수 있지만 종교적인 공동체와는 달라서 진정한 브리튼 사람들은 무엇에 관심을 가져야 할지, 무엇을 믿어야 할지, 그들이 다른 사람들을 다룸에 있어서 비열한지 관대한지까지 결정할 수는 없다. 의회는 전복에 대항해서 합법적으로 조치를 취할 수 있을지라도 시민들에게 정치적 실체로서 영국의 지속적 존재 가치를 인정할 것을 요구할 수는 없다. 영국이 예를 들어서 유럽연합에 완전히 통합되는 것으로 영국 국가의 통치권의 이전을 요구하는 개별 영국인들은, 만약 그들이 합법적으로 그렇게 한다면 이것 때문에 일할 권리가 있다.

내가 보기에 **비종교적** 공동체의 최고의 주창자들은 에번스 프리처드와 다른 인류학자들이 금세기 초엽에 연구한 동아프리카의 사회와 같은, 그리고 중요하게는 공동체주의자들이기도 한 무정부주의자들——그의 저서 《공동체와 무정부주의 그리고 자유》에 나타난 정치 이론가 마이클 타일러가 좋은 예이다——에게 (제한된 정치적 의미에서) 계몽적인 본보기를 제공하는 정부를 갖고 있지 않은 부족 사회들이다. 흔히 유목 생활을 하는 이들 소규모의 사회는 고도로 통합된 특성과 구성원들에 대해 발휘하는 통제의 정도로 주목하게 된다. 이것은 행동뿐만 아니라 성격에 대해서도 그렇다고 말할 수 있을 것이다. 그러나 재미있는 것이 그런 사회에 속하는 것은 법이나 입헌적 정의(定義)의 문제가 아니다. 그들에게는 법이 거의 없으며 헌법은 전혀 없기 때문이다. 구성원이 되는 것은 보통 출생에 의해 그 부족의 경험과 관습·믿음을 채택하고 수용하는 것으로 결정된다.

그런 공동체의 통합은 우리가 그 문제의 특성을 조사중인 분열 및 소외와 뚜렷한 대비를 이루기 때문에 서양 사람들의 관심을 끌 수 있다. 그러나 그것은 낭만적으로 묘사될 수 있다. 거기에는 서양의 우리가 개체성으로 간주할 것이 거의 완전히 부재하는 부정적인 면이 있다. 심지어는 일상적이고 비교적 단순한 자유와도 정반대된다고 말할 수 있을지도 모른다. 사실 비록 그 용어가 사용될 때 우리 마음에 이들 사회가 제일 먼저 떠오르는 사례는 아닐지라도 그 사회들은 당연히 '전체주의'로 설명된다. 그 구성원은 종교 공동체의 구성원처럼 그 사회에 주관적이고 객관적인 관심을 **근본적**으로 결정하며, 따라서 '자유 정신'이 생겨나게 하는 데에 대단히 도움이 안 된다.

그런 사회의 구성원 지위에 관해 주목할 결정적인 점은 (종교 공동체와는 대조적으로) 대개는 자발적이지 않다는 것이다. 개인은 구성원으로 태어난다. 그것을 '전체주의자'로 등급매기는 것이 정당함을 깨닫게 되는 것도 바로 이 특성 때문이다. 사실 정치적 전체주의를 거부하는 것은, 출생에 의해 우연히 얻은 사회 구성원 자격이 자신이 특정 **도시국가**의 시민임을 우연히 발견하는 사람들의 주관적 관심이 무엇이 되어야 하는지를 결정한다는 어떤 가정도 거부하는 것으로 지극히 간단히 특징지을 수 있다. 이런 식으로 이의를 주장하는 것은 국가와 교회, 정당이나 도덕적 근거 간의 상호 의존성에 반대하는 것과 반 전체주의가 관련됨을 드러낸다. 자유 사회에서는 우리가 정당하게 복종하는 법이 우리에게 가톨릭교도나, 마르크스주의자, 나치주의 신봉자의 신념이나 습관을 받아들일 것을 요구할 수 없다. 결국 그것은 또한 공동체 개념에 대한 분석과 자유주의적 개인주의에 관한 당대의 논쟁이 연관됨을 드러낸다.

자유주의 대 공동체주의

자유주의 대 공동체주의 논쟁에 관한 저술은 방대하다. 거기 익숙하지 않은 사람들이 전체를 다루는 일은 현 상황에서는 찬찬히 보기 불가능한 길이가 될 것이다. 반면에 그 논쟁에 익숙한 사람들에게 이 저술을 상세히 파고드는 일은 아주 잘 다져진 땅을 다시 또 한 번 가로지르는 일이 될 것이다. 그러므로 나는 그저 이 제목으로 논의되었던, 그리고 이 장에서 관계하고 있는 인터넷을 둘러싼 문제들과 직접적으로 관련지을 수 있는 두 중심 주제를 강조할 생각이다.

현대판 자유주의 정치철학은 그의 저서 《정의론》이 20년 동안 정치철학의 전체 안건의 상당량을 정했던, 우리가 앞장에서 주목할 기회가 있었던 존 롤스의 저작을 따르는 경향이 있다. 그러나 여기에서는 그의 저서의 다른 국면과 관련된다. 롤스의 목적은 적어도 이것이 서구 민주주의 속에 구현되어 있는 바와 같이, 자유롭고 공명정대한 사회의 기초가 되는 원칙들을 체계화하는 것이다. 그의 전략은 자기 본위의 이성적인 작인들이 편파적인(당파심이 강한 사람이라는 의미에서) 관심과 충성에 의해 방해당하지 않는 일련의 조건들(원초적 입장이라 불리는)을 상상하는 것이다. 그렇다면 그 작업은 사회 조직의 어떤 원칙에 원초적 입장의 개인들이 동의하지 않으면 안 될지 결정하는 것이다. 이 전략을 기초로 해서 그는 그런 두 원칙을 면밀히 검토한다. 하나는 행동의 자유를 좌우하는 것이고, 다른 하나는 재화와 이익의 분배를 주관하는 것이다. 롤스 자신의 관심의 많은 부분은 이 두 원칙의 관계를 찾아내는 데 있으며, 많은 사람들이 이 점에서 그를 신봉해 왔다. 그러나 가장 결정적인 주의의 초점은 이들 관계의 이면의 기본 논증 전략에 맞추어져 왔다. 특히 사회적 충성과 개인적 관심 일체를 벗겨낸 개인 그 자체는 심의에 필요한 아무런 근거도 없기 때문에, 그가 원초적 입장에서 기술하는 심의자들은 사리에 맞지 않는 허구라고 일반적으로 '공동체주의의 신봉자' 라는 명칭 아래 모인 비평가들은 주장했다. 당신이 여자인지, 노예의 후손인지, 유대인인지 또는 가톨릭 신자인지를 잊어버리면, 당신은 자신이 누구인지 잊어버린다. 개인은 "근본적으로 처해 있다"고 이 비평은 계속해서 말한다. 다시 말해서 작인으로서의 그들의 정체성은 그들이 선택한 세계가 아닌 사상과 가치의 세계에 놓여 있어, 그들은 단지 그 안에 있는 스스로를 발견할 뿐이다.

그 요점은 이 논쟁에 있어서 롤스의 《정의론》 못지않은 영향력을 갖고 있는 저서인 앨라스데 매킨타이어의 《덕을 좇아서》에서 특별히 명징하게 표현된다.

개인주의적인 입장에서 볼 때 나는 나 스스로 존재하기로 선택한 것이다. 내가 원하면 언제든 나는 내 존재의 단지 우발적인 사회적 특징으로 받아들여진 것들을 의심해 볼 수 있다…… . [그러나] 내 삶에 대한 이야기는 내가 내 정체성의 기원을 찾는 공동체들의 이야기 속에 언제나 새겨져 있다. 나는 과거를 가지고서 태어났다. 그리고 흔히 개인주의자가 하는 식대로 그 과거로부터 나 자신을 절연시키려고 하는 것은 내 현재의 친족 관계를 불구로 만드는 것이다. 역사적 정체성을 소유하는 것과 사회적 정체성을 소유하는 것은 동시에 일어난다…… . 따라서 내가 누구인가 하는 것의 기본이 되는 부분은 내가 물려받은 것은 무엇인가이다. 나는 나 자신이 역사의 일부임을 발견하며 그것은 일반적으로 말해서 내가 좋아하든 않든, 내가 그것을 인정하든 않든 전통을 운반하는 사람의 하나라는 것이다.(매킨타이어, p.205-6)

개인이 근본적으로 처해 있는 세계는 그들 자신이 선택한 것이 아니고, 그들이 불가피하게 속하는 사회이다. 앞절의 분석에서 제시했듯이 이 사회는 공동체의 요소들을 가지고 있음에 틀림없다. 다시 말해서 그것은 개인이 개인의 **자격으로** 우연히 갖는 주관적 관심들이 단순히 합류함으로써 이루어질 수는 없다. 이 관심들이 뿌리박은 더 깊은 기초가 없기 때문이다. 그것은 오히려 그런 관심을 구성하는 근거를 제공해야 한다. 우리는 우리가 관심을 갖도록 배운 것들에 관심이 있으며, 그런 학습의 필요성은 우리 자신의 충동과 욕망 밖에 있는 세계를 암시한다. 평범하지만 설명적인 예를 들면 내가 개인적으로 좋아하는 케이크나 포도주가 있을지도 모르지만, 이것들은 내가 제과점이나 포도주 상점에 매물로 나와 있는 것을 발견한 적이 있는 것들의 범위 내에서일 것이 틀림없다. 말하자면 내가 처음부터 그와 같이 선호하는 것이 있을 수는 없다. 좀더 의미심장한 예를 들면 나는 내 생각에 그것이 무엇인지, 또 이것이나 저것에 대해 무슨 말을 할지 결정해야 하지만 그것을 말할 언어를 만들어 낼 힘이 없다. 이 언어는 자연 언어, 곧 **나의** 타고난 언어이고, 그것을 배우며 나는 자기 표현 수단을 배울 뿐만 아니라 무엇을 말할 가치가 있는지 결정하는 규범과 기준도 배운다.

만약 이것이 사실이라면, 만약 개인들이 이런 의미에서 진정으로 '근본적으로 처해 있'으며 원초적 입장의 고안이 필요로 하는 것처럼 근본적으로 자율적이지 않다면 롤스의 연구 계획 중 주요 국면 하나도 거부되어야 한다. 이것은 '좋은 것'에 대한 '옳은 것'의 우선권——이 장 앞에서 간략히 언급했던 학설——이다. 자유롭고 공정한 사회에서는 그 시민들이 한편(좋은 것)으로는 보람 있고 귀중한 삶에 대한 개념의 중심에 있는 그들이 신봉하는 믿음 및 가치와, 다른 한편(옳은 것)으로는 그들 사회의 전 구성원들이 지지하기를 기대하는 사회 조정 규칙 및 원칙을 뚜렷이 구별할 것을 요구한다고 롤스는 믿는다. 더 나아가서 그는 이런 의미에서 좋은 것보다 사회 권리의 원칙에 우선권이 주어져야만 한다고 주장한다. 자유 사회를 구축하고 통제하는 원칙들은 그들의 시민들이 승인하는 선한 것의 (가능한) 개념에 대해 중립적이어야 한다. 공정한 사회 원칙은 좋은 것에 대한 어느 한 개념에다 다른 개념보다 많은 '특권'을 줄 수 없다.

정치적 중립성에 관한 학설(이미 토론의 앞단계에서 논했던)은 교회와 국가의 분리에 대한 오랜 믿음이 좀더 관념적이고 모호하게 해석된 것이고, 전통적 자유주의의 주장에 대한 해석은 혼란스러운 것이 아니라 명백한 것이다. 특별히 현대의 관념적인 해석을 제외한 모든 해석에서 그것은 공동체주의 비평가들이 반대하는 자유주의의 또 다른 국면이다. 그들이 찬성하지 않는 이유는 단순히 극단적인 개인주의로까지 나아가 반론을 적용한 데에 있다. 그것은 몇 가지로 표현될 수 있다. 좋은 것의 개념은 개인적인 선택과 선호의 기초가 되고, 그것들을 구체화한다. 그러므로 사회 조직과 규정에 관해 선택하고 선호할 것을 권하거나 요구하기 위해서는 기초가 되는 가치에 호소해야 한다. 그러나 이들 가치는 그것들이 속하는 공동체에 의해 만들어진 좋은 것에 대한 개인의 개념의 일부가 되어야 한다. 그런 가치들이 달리 어디에 근거할 수 있겠는가? 그러나 만약 이것이 그러하다면 원초적 지위에 있는 개인들이 그런 개념으로부터 분리될 수 있다는 생각은 사리에 맞지 않으며, 실사회에서 개인이 사회에 관해 중립적인 자세를 취할 것을 요구하는 일은 허무하다. 다시 말해서 그런 중립성은 가치들에다가 독자적인 근거를 규정하는 것이 아니라 어떠한 근거도 박탈할 것이다. 대신에 공동체주의 비평은 법의 권위가 공유된 도덕성에 좌우된다는 견해로 좀더 간단히 진술될 수 있다. 어떤 또 모든 도덕성에 관해 중립이 될 것을 요구하는 것은 따라서 그것에게서 어떤 권위를 빼앗는 것이다. 그렇다면 어떤 근거로 그것이 스스로에게 좋은 인상을 줄 수 있을까?

나는 공동체주의 비평가를 두둔하는 듯이 이 논쟁을 진행했다. 그러나 물론 롤스를 대표해서 한 답변들이 있으며, 그 중 몇몇은 바로 그 자신이 후기 저작에서 한 것이다. 그러나 이것들을 검토하는 일은 현재의 토론이

다루기 힘들 정도로 길어지지 않게 하고, 우리의 주요 관심——인터넷의 영향——을 시야에서 아주 놓치지 않게 하려면 피해야 할 자질구레한 문제들까지 파고들어갈 것을 필요로 한다. 그럼에도 불구하고 이 두 쟁점——개인과 공동체와의 관계와 옳은 것과 좋은 것의 상대적 우선 순위——을 강조하는 것은 이 장과 앞장의 주제를 드러내는 데 약간은 도움을 줄지도 모른다.

제5장에서 나는 인터넷이 도덕적 무정부 상태를 가져올 가능성을 갖고 있다고 생각하는 이유를 밝히고, 제6장에서는 단속에 대한 통상적인 개념에 의해 우리가 이 경향에 반격을 가할 가망이 거의 없음을 주장했다. 우리는 이제 최근의 정치철학이 익숙하게 만들고, 그것들을 공동체에 대한 분석뿐만 아니라 이 장 첫 부분에서 우리를 사로잡았던 사회학자들의 주장과도 관련시켜 설명하게 만든 말로 이 두 주장을 재진술할 수 있을 것이다.

선호하는 것을 형성하고 선택하는 것에 대해 안정되고 시종일관한 일련의 가치들을 전개하려면, 개인은 공동체를 구성하는 어떤 형태 속에 근본적으로 처해야만 한다고 하자. 더 나아가 이 목적을 위해서는 단지 주관적이고 객관적인 관심들이 합류하는 것만으로는 충분하지 않다는 데 동의하도록 하자. 그렇다면 인터넷에 대한 비난은 그것이 오직 후자(이종 문화권)만을 허용하고 전자(엄격한 의미에서 소위 공동체)를 허용하지 않기 때문에 그것은 도덕적인 삶에 적절한 근거를 제공할 수 없다고 말할 수 있을 것이다. 게다가 개인이 인터넷상의 관계를 형성하는 데에 점점 더 끌려 들어가는 한 그들이 들어서는 세상은 실로 도덕적 무정부 상태의 하나이다. 통상적인 의미에서 단속하는 것에 반대할 수 있는 것도 아닌 것이, 가장 심도 있는 차원에서 효과적으로 단속하려면 사회 규정은 옳은 것이 좋은 것에 우선시되는 전제 위에 세워져야 하기 때문에 이것은 마찬가지로 결함이 있는 학설이라고 공동체주의 신봉자는 주장한다.

학설은 잘못되거나 모순될 수 있으며, 게다가 그것을 믿는 것은 중요한 사회적 영향력을 가질 수 있다. 사회의 규범과 공동체의 관례에서 오는 구속으로부터 자유로운 자율적으로 신중한 개인이라는 개념은 갈피를 잡을 수 없다는 사실과, 좋은 것에 대한 옳은 것의 우선권을 확고히 하려는 시도는 망상을 추구하는 것이나 진배없다는 사실(그게 사실이라면)로부터, 이것들은 정치와 도덕이라는 비철학적인 세계에서 추구될 수 없거나 추구되지 않는 사상들이 아니라는 결과가 나오는 것은 아니다. 그것들은 어떤 궁극적인 성공도 추구할 수 없다는 결과가 될 뿐이다. 사실 규범적인 학설로서의 철저한 개인주의는 건재하며, 사회학자들의 연구 결과에 대한 하나의 설명은 그것들이 부분적으로 바로 이 무익한 추구에서 생긴다는 것이다. 외부로부터의 사회·교육적 영향이 사회의 망상 조직과 제도를 잠식하는 작용을 하고 있는 것이 사실인(그렇다고 하자) 한편 자신의 욕망과 가치를 추구하라는, 인생에서 **당신**이 원하는 것을 얻으라는 명령은 금세기 서양 세계에서의 사회 교육의 아주 많은 부분을 채우는 이상이라는 것 또한 사실로, 미국의 교육자 존 듀이와 G. 스탠리 홀의 엄청난 영향력을 가진 사상에서 나온다고 주장할 수 있다. 요컨대 '자아실현'의 도덕적 이상은 철학적으로는 일관되지 않을지라도, 본래의 의미에서의 공동체의 기초를 잠식해 들어가는 일종의 사회의 산(酸)이었을지도 모른다.

어쨌든 개인주의와 그 정치적 표현으로서의 민주적 자유주의에 대한 비난은 그렇다. 나는 그 요점이 무엇인지 물으려 하지 않는다. 자유주의적 개인주의에 대한 이런 비난은 적지 않은 이론적 자원을 갖고 있는 경향의 사상이라는 것, 그 이상의 분석을 하려면 많은 걸출한 인물들이 우리로 하여금 우리의 중심 문제——만약 이 이념이 정신을 좀먹는다면 인터넷의 출현이 이 정신을 좀먹는 이념을 악화시킬 것 같은 것이 사실인가? 아니면 인터넷이 그것을 개선하거나 어쩌면 치유까지 할 수 있는 특징을 갖고 있는가?——로 되돌아갈 수 있게 한다는 것만으로도 우리의 목적은 충분하다.

컴퓨터 '공동체'의 가능성

이 문제를 다루는 한 방법은 묻는 것이다. 인터넷이 진정한 의미에서의 공동체를 대량으로 생산해 낼 수 있을까? 이 질문에 대답함에 있어서 가장 중요한 단계는 분명히 거기에서 진행되고 있는 것들 중에서 우리에게 그럴듯한 예를 제공할 수 있는 것들을 기술하는 것이다. 그러나 이 일을 하기 위해서는 우리가 찾고 있는 것이 무엇인지 알아야 할 필요가 있고, 우리가 찾고 있는 것이 무엇인지 알기 위해서는 약간의 무대 장치가 필요하다.

인터넷은 도덕적 무정부 상태의 한 형태라는 주장은 이제 좀더 엄밀하게 이루어지고 있음을 우리는 상기할 수 있을 것이다. 그 비난은 그것이 철저한 개인주의의 파괴적 성격을 강화한다는 것이다. 그것이 사실이라면 이것은 우리가 보았듯이 개인주의의 씨앗이 사회 안에 좀더 광범위하게 배태되어 있음을 발견함을 암시한다. 결국 그것이 이론적으로 아무리 불충분할지라도 자유주의적 개인주의는 그 자체가 광범위하게 주장되는 도덕적 관념이 되었다고 말할 수 있을 정도로 동시대의 서구 사회에서 생활의 여러 국면을 형성해 온 매우 영향력 있는 학설이다. 이제 만약 인터넷이 우리가 속한 사회의 구속으로부터 우리를 훨씬 더 자유롭게 한다면, 인터넷은 바로 이 특징에 의해 이 관념의 파괴적인 영향에서 우리가 탈출할 수 있게 할지도 모른다. 이렇게 개인주의의 한계를 초월할 수 있게 되는 것은 공동체의 가능성을 다시 한 번 노출시킨다. 그 임무는 이 일을 행할지도 모르는 수단을 개략적으로 기술하고, 우리가 인터넷에 대해 아는 것을 가지고서 이들 수단 중 어떤 것이 실현되기를 정당하게 기대할 수 있을지 묻는 것이다.

어떤 사람은 인터넷 집단을 '공동체'라고 부르기를 주저하지 않는다. 《사이버빌》의 저자인 스테이시 혼에 의하면 에코——그녀가 설립한 온라인 집단——같은 '컴퓨터 응접실'은 '가상공동체'(조합한 용어 '가상응접실'은 그녀가 선호한 것이다)로 기술될 수 있다. 그녀가 이것을 말하는 이유, 그리고 그것이 의미하는 것은 생각해 볼 가치가 있다. 공동체의 개념에 대한 앞서의 우리의 분석을 적용할 때 가상응접실은 처음 두 기준을 충족시킨다는 데에 우리는 쉽게 동의할 수 있다. 그것은 주관적인 이익 집단이다. 다시 말해서 그 안에서 대화하는 사람들은 같은 것에 관심이 있다. 그것을 객관적인 이익 집단으로 간주하는 것도 그럴듯하다. 그것을 이용하는 사람들은 비록 그들이 이것들을 이런저런 특정 집단의 구성원으로서가 아니라 인터넷을 서핑하는 사람으로서 공유할지라도 공통적인 물질적 관심——예를 들어서 좀더 사용하기 쉬운 소프트웨어의 발명, 미국을 오가는 좀더 많은 회선 설비——을 갖는다. 그러나 전체적으로 보아 이것들은 전기로 움직이는 응접실을 공동체로 만들기에는 충분하지 않다. 그것은 이종 문화권일 수는 있지만 내가 권위를 만들어 내는 것이라고 부른 것이 아직도 필요하다.

소규모 유목 공동체의 예가 보여 주듯이 이것은 **어떤** 권위——신원을 알 수 있는 사람이나 지위——가 있어야만 하는 것이 아니다. 만약 이같은 인터넷 집단이 객관적 의미로나 주관적 의미로나 공유한 관심을 결정하는 일반 여론과 특별한 행동 기준에 의해 적용되는 승인이나 배제 절차를 갖는다면 그것으로 족하다. 이것이 혼의 집단에 실제로 해당되는지는 모르겠다. 그러나 상관없다. 만약 그것이 해당되면, 또 그것이 해당되는 곳에서는 인터넷 집단은 공동체의 기본 요소를 갖는다고 할 수 있다. 어떤 것이든 그런 집단은 우리가 자발적으로 속하는 집단이지만, 주관적이든 구체적이든 다만 우리의 관심에 의해서만은 아니다. 오히려 우리는 구성원 자격을 규정하고 구성원을 선정하는 규범과 기준을 받아들이고 고수하(고 그것들을 받아들이고 고수할 것을 다른 사람들에게서 요구받)기 때문에 속하고, 이것이 사실인 한에서만 구성원으로 (받아들여지기 때문에) 남아 있다. 쉽게 말해서, 이상하게 들릴지 몰라도 인터넷 공동체가 수녀회와 같은 근본적인 특징을 가져서는 왜 안 되는지 원칙적으로 아무런 이유도 없다.

비교가 이상해 보일지도 모른다. 그러나 그것은 처음 보기보다 많은 것을 설명한다. 다시 말해서 개인주의의 일반적인 문제점에 관해 더 많은 것을 밝혀 준다. 혼의 컴퓨터 응접실은 여자들간의 의견 교환의 수단일 뿐만 아니라 이 점에 있어서 그 컴퓨터의 성격이 갖는 중요한 장점이 있다고 그녀는 주장한다. 동시대의 사회에서 여성의 역할과 입장, 지위는 서양 사회에서조차 개인 그 자체로서의 것이 아니라고 많은 페미니스트들이 주장해 왔다. 여자들은 다만 인간으로, 심지어는 우선 인간으로 이해되지 않고 여자로 이해된다. 이것은 내가 여기에서 검토하거나 논할 것을 제안하는 주장이 아니다. 그것은 여러 분야에서, 또 다양한 경험을 갖춘 많은 작가들이 주장해 온 것이지만, 당면 목적에 그것이 갖는 중요성은 그것의 사실 여하에 달려 있지 않다. 그것이 사실**이라고** 하자. 그렇게 되면 컴퓨터 통신은 여자들에게 유리하다.

온라인상에서 성별을 구별하게 하는 것은 오직 말로 표현된 것뿐이다. 어느 누구도 볼 수 없다. 향수 냄새도 땀내도 없다. 부드러운 것도 없고 딱딱한 것도 없다. 우리는 우리의 말을 제외한 모든 것을 벗는다. 그런데 만약 당신이 우리에게서 우리의 말을 제외한 모든 것을 제거해 버리면 남자와 여자 간에 다를 게 무엇인가?(혼, p.81)

이런 식으로 대화를 주고받기 시작한 사람들은, 그들이 여성임이 분명히 파악되는 이름을 사용하지 않는다면, 그것으로 그들이 여성임이 상대방에게 알려질 경우에 그들의 생각과 의견이 이끌어 낼 진부한 반응을 피한다. (우리가 여성인지 남성인지 덧붙일 수는 있을 것이다.) 반대로 그들은 또한 자신이 더 적극적이 된 것도 발견할지 모른다. 간단히 말해서 컴퓨터 통신은 직접 대면하는 접촉에서는 불가능한 '성맹(gender-blind)' 형태의 의견 교환을 상상할 수 있다. 비슷한 지적을 인종에 대해서도 할 수 있을 것이다. 인터넷은 색맹이거나 색맹일 수 있으며, 이것은 마찬가지로 인종적 태생이 다른 사람들간에 더 자유로운 의사 표현과 의견 교환을 증진시킬 수 있을 것이다.

인터넷의 상대적인 '맹점'은 다른 집단들――신체 장애자들, 노인들 등――의 같은 목적에도 적용될 수 있는 국면이다. 직접 대면하는 접촉보다 컴퓨터 통신이 좀더 제한적이라고 생각하는 것은 자연스러울지라도, 그것이 어떤 특징을 드러내지 않음이 사실상 그것을 더욱 자유롭고 더욱 유익하게 만들지도 모른다. 이런 가능성들이 보여 주는 것은 개인주의에 대한 매킨타이어의 공격에는 또 다른 면이 있다는 것이다. "나는 과거를 갖고 태어난다. 그리고 개인주의자가 하는 식으로 나 자신을 그 과거와 절연시키고자 하는 것은 현재의 내 관계를 불구로 만든다"고 그는 말한다. 확실히 이것은 여러 경우에 해당되지만 과거로부터 나를 절연시킬 수 있다는 것은 경우에 따라 **역시** 관계를 불구로 만드는 요인 및 영향을 내가 교묘히 회피하게 해줄 수 있는 것 또한 사실이다. 모든 것은 그 과거가 어떤 것인가에 달려 있다. 예를 들어서 아프리카계 미국 흑인이나 여자들은 그들이 일부를 이루는 공동체에 의해 그들에게 전해진 유산을 버림으로써 박탈당하기보다는 득을 볼 것이다.

인터넷 집단들이 엄격한 의미에서의 공동체가 존재하는 데 필요한 세 가지 조건을 실현할 수 있다는 제안과 더불어 이 시점에서 정말 인터넷이 새로운 공동체의 가능성을 약속할지도 모른다는 생각에 근거를 제공하며,

그런 공동체가 실제로 어떻게 발달하는지에 따라 우리는 여기에서 인터넷이 전적인 무정부 상태의 시대로 이끌기는커녕 이미 극단적 개인주의의 유해한 영향을 받은 세계의 도덕적 무정부 상태를 극복하게 해줄지도 모르는 수단을 제공할 가능성이 있다는 제안을 더 지지하고 있음을 깨달을지도 모른다. 그러나 이 이론에 반대해 제기된 필적하는 이유가 있으며, 이것은 인터넷이 제거하는 왜곡 요인들이 무엇이든 그것은 불가피하게 더 큰 왜곡 요인들을 끌어들인다는 것이다. 우리가 알고자 하는 것은 어떤 **종류**의 공동체가 인터넷상에서 가능한지 아닌지가 아니라 이것들이 우리에게 더 익숙한 공동체들(중 몇몇)을 충분히 대신할 수 있는가 하는 것이다. 컴퓨터 공동체에 한정된 관계가 일반 공동체들이 실현시키기를 기대하는 인간 관계를 만들어 내는 것이 가능한가? 이 질문에 대한 대답은 이들 수단에 의해서 가능한 의견 교환의 **종류**를 가르친다.

스테이시 혼은 생각과 느낌을 공유하는 그녀의 가상응접실의 구성원들에 대해 이야기한다. 인터넷의 관계는 문자화된 말을 수단으로 해서 진행되기 때문에, 말로 생각과 느낌을 완전히 전할 수만 있다면 이제 완벽한 의미에서 그들은 그렇게 한다. 그러나 이것은 그렇지 않음이 분명한 것으로 보인다. 우리가 감정을 표현하는 레퍼토리에는 몸짓, 어깨 으쓱하기, 표정 등이 포함된다. 우리가 종종 아주 중요하게 서로의 의사를 주고받는 것은 말 못지않게 바로 이들 수단에 의해서이다. 또한 원칙적으로 우리가 이 방법으로 '표현하는' 것은 말로 옮길 **수가 없다**. 나의 증오나 감탄 · 혐오는 표정이나 몸짓으로 전달되며, 그것이 진짜 의사소통이다. 다시 말해서 그런 것들에 의해서 당신은 내 마음의 상태와 감정을 단지 추측하는 것이 아니라 알게 된다. 그러나 그것은 언어가 실현하는 것을 인정하는 의사소통의 한 형태이다. 물론 내가 느끼고 있는 것을 정확히 전달하는 말을 발견하는 것이 **때로는** 가능하고, 우리들 중에서 더 명확히 말할 수 있는 사람들은 이것을 아주 쉽게 할 수 있다. 그러나 다행스럽게도 똑똑히 말을 못하는 것이 의사소통에 절대적으로 장애가 되는 것은 아니다. 만약 장애가 된다면 인간의 표현은 그것보다 훨씬 더 제한될 것이다. 그리고 사실상 우리의 의사소통의 큰 부분을 차지하는 것은 바로 분명히 말하지 못한 이 형태(또는 분명히 말하지 못한 이 형태들)를 하고 있다. 그러나 전자 우편 및 그와 유사한 고안물이라는 매체가 왜곡하는 가설로부터 우리를 자유롭게 하는 것만큼이나 우리에게서 이것들을 **빼앗는다**. 전자 우편이 **말로** 의견 교환을 하게 만든다는 것은 사실이 아니다. 앞장에서 주목했듯이 전자 우편이 문자로 쓴 것과 말한 것 간의 전통적인 차이를 어느 정도 깨뜨렸지만, 말한 것과 쓴 것 간의 한 가지 차이는 언제까지라도 남을 것이다. 목소리의 고저와 음조의 변화가 갖는 전달의 힘은 같은 **말**에 다른 **의미**를 부여하는 그것이 갖는 능력에 있다.

혼은 육체가 없는 지성은 덜 제한되거나 방해받음으로써 어떤 의미에서 '진정한' 인간에 좀더 순수하고 따라서 좀더 근접한 양 말한다. 그런 주장은 철저한 개인주의를 최고조로 표현하는 것을 의미한다. 인간은 본래 정신이며, 인간의 육체는 단지 부속물일 뿐이라는 오랜 데카르트 사상이 그 안에서 작동한다고 나는 생각한다. 인터넷 집단들이 흔히 더 고등하고 더 자유로운 의견 교환의 형태로 암시되며, 때때로 '정신의 공동체'라고 지칭되는 것은 결코 우연이 아니다. 그러나 사실 이런 식의 데카르트주의를 뒤엎는 것은 사실이라고 나는 생각한다. 순수한 **정신**은 피폐해진 **인간**이다. 만약 이것이 사실이라면 육체가 없는 지성들간의 언어상의 의견 교환으로 이루어진, 오로지 컴퓨터에 의한 의사소통은 사람들 사이의 심각하게 제한된 의사소통 방식이다. 그것은 관계를 가능하게 만들고 공유한 관심의 합류점을 찾도록 도울 수 있을지도 모르지만, 사실 그렇게 하고 있지만 제한된 형태로 그렇게 하며, 그 제한이 의미하는 바는 생각과 관심으로 이루어진 인터넷 공동체는 설령 내가 말한 세 가지 기준을 만족시킬지라도 2류 의사소통의 형태라는 것이다.

다중 사용자 지향 시스템, 다목적 지향 시스템, 그리고 지오시티즈

내가 컴퓨터 통신을 언어에 의한 의사소통과 동일시하고 시각적인 것을 무시함으로써 인터넷의 가능성에 대한 논의를 대단히 왜곡했다고 할지도 모른다. 마치 내가 원거리 통신에 대한 토론을 하며, 원거리 통신에서는 텔레비전이 주도권을 가지고 있다는 것을 우리가 아주 잘 아는데도 불구하고 텔레비전을 제외하고 라디오와 전화에 의거해 결론을 내린 듯하다. 전자 우편과 인터넷의 차이는 라디오와 텔레비전의 차이에 못지않다고 주장할 수 있다. 두 경우 모두 전자는 언어적인 것에 국한되는 반면, 후자는 그렇지 않다. 새로운 공동체를 말하는 이 중요한 발언이 무슨 차이를 만들 수 있을까?

이 문제를 토론함에 있어서 기술적 제한에 너무 많은 비중을 두지 않는 것이 최선이다. 현재로서는 극소수를 제외하고는 인터넷으로 완전한 시청각적 의견 교환이 가능하지 않지만, 월드 와이드 웹이 그 명칭에도 불구하고 그것을 이용하고자 할지도 모르는 사람들 모두에게 그런 의견 교환을 결코 허용하지 않을 것이라고 생각하는 것은 일리가 있다. 그럼에도 불구하고 앞서의 많은 논의에서처럼 여기에서 인터넷은 세상에 알려진, 그리고 그 발달의 초기에 있는 기술 중 가장 빠른 속도로 발전하고 있는 기술이라는 것을 기억할 필요가 있다. 인터넷의 발전을 부정적으로 보는 추측에 대단히 크게 의존하는 주장은 아주 취약한 논쟁적 기초에 의지하는 것이다. 그러므로 더 나은 접근법은 최대한으로 긍정적인 추측이 가능한 범위를 허용하는 것이고, 그리고 나서 무엇을 말할 수 있을지 보는 것이다. 어떤 경우든 인터넷의 주역은 기술적인 추측의 영역으로 지금 곧장 뛰어들 필요가 없다. 전자 우편을 훨씬 넘어서며, 인터넷의 공동체들에 대해 더욱 심사숙고할 자료를 제공하는 다중 매체의 발전이 **일어나는 중**이다.

다중 사용자 집단들은 이제 흔히 있는 일이며, MUDS—— '다중 사용자 지향 시스템(multi-user directional systems)' 또는 '다중 사용자의 아성 (multi-user dungeons)' 으로 다양하게——와 MOOS—— '다목적 지향 시스템(multi-object oriented systems)——은 문학에서 흔하다. 다중 사용자 집단에 속하는 것은 전자적 수단에 의한 컴퓨터 통신 이상의 의미가 있다. 그것은 표준 시간대와 지리적 거리, 사회적 환경, 또는 정치적 경계에 의해 제약받지 않는 불특정 다수의 사람들간의 대화에 해당된다. 그런 대화는 조직화될 수 있다. 스테이시 혼의 컴퓨터 응접실 참여자들은 이익 집단에 의해서——책이나 운동에 관심이 있는 사람 등으로——스스로를 나눈다. 이것은 비교적 단순하지만 **지오시티즈**(GeoCities, 지구도시들)라는 훨씬 더 야심 차고 복잡한 '구조물' 의 요소들을 가지고 있다.

지오시티즈는 개인 사용자들에게 국제적인 규모의 조직화된 구조 안에서 자신의 웹 페이지를 만드는 아주 값싼 수단을 제공한 최초의 소프트웨어 회사(지금은 몇 개의 다른 회사들이 있다) 중 하나의 회사명이다. 그 인기는 경이적으로 증가한다. 1995년 10월 **지오시티즈**는 1만 개의 홈페이지를 가졌으며, 1996년 8월까지는 10만 개, 1997년 10월까지는 1백만 개의 홈페이지를 가졌다. 1998년 3월까지는 페이지뷰가 매월 6억 35백만 (생각해 보면 어마어마한 숫자)에 이르렀다. 그것이 6대 주요 인터넷 사이트의 하나일 뿐이었다고 하면 이 통계는 전체 가상공간의 엄청난 크기와 성장을 어느 정도 알게 한다. 그러나 그것은 **지오시티즈**와 여기에서 특별한 관심을 갖는 유사한 다중 사용자 시스템들과, 특히 그것들의 '구조물' 의 전개의 독특한 특징이다. 이 맥락에서 사용된 '구조물' 이라는 단어는 은유일 테지만 만약 그렇다면 그것은 아주 광범위한 것이다. 전자 지오시티에 들어가 참여하는 사람들은 '도시들' 안의 '이웃들' 안의 '집들' 에서 자기들만의 장소를 발견할 수 있다. 이들 도시는 취미가 같은 사람들이 모이기 위한 것이다. 그것들은 거기 사는 집단과 관심의 종류를 표시하는 이름들을 갖는다. 예를 들어서 **아테네**는 교육·문학·철학에 관심이 있는 사람들이 차지하게 된다. **파리**는 로맨스와 시·예술에 관심이 있는 사람들이, **할리우드**는 영화와 텔레비전광들이, **칼리지파크**는 대학교수와 학생들이 차지하게 된다 등. 그것은 그저 주관적 이익 집단들도 아니다. **웰슬리**는 '여성들을 위한 공동체'이고, **웨스트할리우드**는 '남녀 동성애자와 양성애자·성전환자들'의 지구이다.

이들 구역 안에서 각 사용자는 '자영 사이트'를 갖고 있다. 이웃에 '사는' 사용자들과 더 멀리 '사는' 다른 사람들이 있다. 이 모든 특징들은 시각적으로 표현될 수 있다. 일반적으로 대신 사용된 아이콘들이 그 구역의 기질을 반영한다. 따라서 예를 들어 **국방성**에서는 자영 사이트들이 군대식 텐트인 한편, **마술에 걸린 숲**(어린이들을 위한 사이트이자 어린이들에 의해 운영되는 사이트)의 자영 사이트 아이콘들은 '귀여운' 오두막이다. '가구를 바꾼다'거나 '이사를 한다'는 말로 묘사되는 자영 사이트에 변화, 곧 그 도시의 다른 구성원들이 보고 평가하며 의견을 말할 수 있는 변화를 줄 수 있다. 지오시티에서의 용무를 메시지들을 주고받는 것 훨씬 이상으로 만드는 것은 바로 이런 활동의 가능성이다.

다중 사용자의 아성(Multi-User DungeonS)이라는 명칭이 시사하듯이 다중 사용자 사이트들은 많은 선수들이 참여하는 게임으로 시작했다. 아직도 엄청난 대다수가 게임, 아니면 적어도 여가 활동에 몰두하고 있다. 이것은 확실히 그에 대한 경이적인 인기를 설명하는 데 약간은 도움이 된다. 그것들은 텔레비전과 컴퓨터 게임, 오락적 흥미가 갖는 매력을 대화 및 스크린상에 나타나는 것에 맞추어 대응하는 능력과 결합시킨다. 그러나 관심 분야가 훨씬 더 진지한——교육, 성의 정치학 등——사이트들의 존재는 사람들이 이들 수단에 의해 여가 이상의 무엇인가를 추구할지도 모른다는 추가의 가능성을 제시한다. 그래서 이 지오시티즈가 가상공동체로 기술되는 것은 더욱 그럴듯해진다. 이것은 지오시티의 '구조물'이 우리가 통상적인 집과 이웃에서 발견하는 것들을 모사하고, 또 이들처럼 상호 작용과 의견 교환 구조를 갖는 광범위한 성질과 특성을 갖기 때문만이 아니다. 관계가 오직 이 상황에서만 확립되고 탐구될 수 있기 때문이기도 하다. 앞에서 주목했듯이 인터넷에서 만나 결혼할 때 처음으로 직접보고 결혼한 사람들의 사례들에 대한 기록이 있다. 그러나 또한 지오시티의 '공동체' 안에서 '결혼하는' 사람들에 대한 사례 보고도 있다. 다시 말해서 컴퓨터에 의한 접촉은 관계의 첫 단계가 아니라 완전한 매개물이라는 것이다. 몇몇 지오시티들에서는 '시장'과 '보안관' 선거를 위한 정치적 유세가 진행되고, 선발된 사용자는 인터넷 공동체 전체를 단속하는 등의 권한을 갖는다. 개인적인 것과 정치적인 것은 인간 상호 작용에 있어 중요한 두 특징이지만, 우리는 다른 여러 종류의 관계가 이 순전히 전자적인 매체 안에서 모사되어 왔으며, 점점 더 그렇게 될 것임을 가정할 수 있을 것이다. (작가들이 인터넷상의 '가상섹스'에 대해 이야기하는 것조차 이제는 흔하다.) 이들 가상공동체들은 당연히 새로운 종류의 공동체인가 하는 문제를 제기하는 것은 바로 이것으로, 단지 그 다중 사용자나 상호 작용하는 성격이 아니다.

'가상'이라는 개념은 다음장의 주요 논제로 생각해 놓았지만, 우선은 일반적으로 이럭저럭 통상적인 경우와 다른 어떤 것을 나타내는 것으로 받아들여진다고 말할 수 있다. 지오시티의 경우 이 '어떤 것'은 멀리에서 찾지 않아도 된다. 보다 간단한 전자 우편은 토의 집단에 근거하고, 그러한 일에는 의사소통의 힘이 결여——시각적인 것을 덧붙임으로써 어느 정도 개선할 수 있는 결여——되어 있음이 발견된다. 이 지오시티들 역시 의사소통의 힘——눈에 보이는 감동과 느낌 속에 존재하는 의사소통의 힘은 없다. 물론 전자 우편으로부터 인터넷으로의 이동이 라디오에서부터 텔레비전으로의 이동처럼 이 첫 결함을 기술적으로 극복하는 것이 된다고 생각하는 것에도 일리가 있듯이, 기술이 두번째 결함을 극복하는 것을 발견하게 될 것이라고 상상할 수 있을 것이다. 설령 그런 것을 지금은 모를지라도 전자공학적으로 말해서 시각적인 것과 언어적인 것뿐만 아니라 만져서 알 수 있는 것들을 우리의 힘 안에 두게 될 기술적 수단이 등장할 것을(사실 등장하는 것이 상당히 가능하다고 생각된다) 추측할 수는 있다. 이것은 논쟁하려 들면 한계가 없는 생각이다. 인터넷에서 지금 또는 미래에 알 수 있는 결함이 무엇이든 그것이 극복된다고 마찬가지로 상상할 수 있다. 네오러다이트족의 의심은 기술 혁신에만 의존하는 어떤 추측에 결코 불리해질 수 없다는 결론이 된다. 다른 한편 이 사실이 기술 애호가들에게 무조건 유리하지는 않다. 인터넷은 새로운 형태의 공동체를 만들 잠재력을 갖는다는 생각을 지지하는 사람들은 서로 다른 어려움에 직면한다. 인터넷 기술이 결함을 보완할수록 그것은 일상 생활에 더욱더 근접하는 듯 보이며, 정말 신기한 것을 더욱더 찾아낼 수가 없다. 간단히 말해서 일단 그런 모든 결함들이 보완되면 인터넷 의사소통과 의견 교환은 우리가 평상시에 알고 있는 의사소통과 의견 교환이 될 것이다.

사실 네오러다이트족과 기술 애호족 간의 이 특별한 논쟁에서 기술 애호족은 딜레마에 빠진 듯이 보인다. 스테이시 혼이 그녀의 컴퓨터 응접실에 속한다고 생각하는 장점들은 사실 의사소통 방식으로서의 그것의 한계에 **좌우된다**. 참가자들이 자유로이 의견 교환을 하는 것을 방해할 개인적 특성——성·피부색 등——을 가장할 여지를 남기는 것이 바로 이 한계들이다. 그 한계들을 극복할수록 인터넷 공동체들은 여러 불리한 점이 있음에도 불구하고 좀더 일상적인 공동체처럼 보인다. 요컨대 가상공동체가 더욱 보통 공동체처럼 보이게 된다.

우리는 이 생각을 다시 과제로 삼을 것이다. 그러나 적어도 기술 애호가가 이 시점에서 할 수 있는, 그리고 좀더 큰 맥락에서 토의 의제로 내놓는 더 나아간 하나의 답변이 있다. '가상현실'이라는 표현은 보통 '진

짜만큼 훌륭한 것'을 의미하는 것으로 받아들여진다. 아마 제대로 이해
된다면 그것은 적어도 어떤 목적에는 진짜보다 **더 좋다**. 가상현실에의 이
런 끌림이 어떤 차이를 만드는지는, 앞으로 보게 되겠지만 공동체라는 논
제와 관련해서 그 주된 중요성을 찾을 수 있는 문제이다. 그러나 어쨌든
초기에는 새로운 장으로 취급하는 것을 정당화하기에 충분하게 독자적인
면들을 갖고 있다.

8

가상현실:
가상공간의 미래

  '가상현실'이라는 개념은 우리에게 공상과학과 판타지의 세계를 떠올리게 한다. 또는 아주 많은 사람들이 그렇게 생각하며, 과연 가상현실에 대해 논하는 와중에 상상력에 대한 모든 제한이 제거되면 우리의 사색을 통제하는 모든 실제 또는 개념상의 제약 역시 제거되는 듯이 보인다. 그런 제약 없는 상태는 소설가나 작가에게는 좋을지 모르나 우리가 지금 하고 있는 연구에서 우리가 원하는 자유는 아니다. 그것은 어떤 사색도 다른 것과 마찬가지로 만들어 버려 진지한 비판적 조사의 종말을 의미하기 때문이다. 실제로 가상현실을 논하는 동안에 우리가 대단히 사색적인 영역에 들어서게 될지라도 그 견해가 전혀 제약 없이 해석되어서는 안 된다. 사실인즉 우리는 우리가 준수하는 제약을 조심할 필요가 있다. 이 책 서두에서 말했으며 계속되는 논의에서도 반복할 기회가 있었지만 인터넷 기술의 발전 속도는 아마도 인간 역사상 유래가 없을 것이며, 이런 이유로 선험적으로 불가능한 것이라고 공표한 것이 얼마 안 되어 현실로 밝혀질 위험이 항존한다. 가상현실 기술에 대해서도 같은 말을 할 수 있는데, 그것은 인터넷과는 별개로 광범위하게 발전하고 있다.

'보디네트'와 '스마트룸'

그렇지만 비록 미래에는 확실히 지금까지 꿈꾸지 못한 많은 기술적 경이가 있다 하더라도 **상상할 수 있는** 것이라고 해서 반드시 **있을 법**하지는 않다. 그 구분은 전통적인 동화 속에서 아주 조직적으로 설명된다. 우리는 왕자가 개구리가 되는 것을 아주 쉽게 상상할 수 있지만 그런 상상 속의 사건을 올바로 이해할 수 있게 만드는 데에는 잘 알려진 철학적 장애가 있다. 공상과학 소설에서도 같은 일이 관찰된다. 시간 여행자들과 그들이 할 수 있는 아주 즐겁고 재미난 이야기들이 많다. 그러나 시간 여행이 개념상으로 가능한지는 난처하고 난해한 질문이라는 것을 철학자들은 잘 안다. 이 어려움의 많은 부분은 시간 여행이라는 생각이 명백히 모순되는 것들――예를 들어서 여행객이 그가 태어나기 전에 존재하는 것이나, 그 사람 자신이기도 하고 아니기도 한 젊은이를 여행 도중에 만나는 것――을 받아들이는 듯이 보이는 사실에 있다. 사건의 자가당착적인 형세는 누구나 발견하고 싶어할 수 있는 불가능한 것들에 대한 표시나 다름없지만, 그렇다고 할지라도 우리는 늙은 시간 여행자와 젊은 시간 여행자가 서로 만나는 것을 우리가 (정신적으로나 펜과 잉크로) 그릴 때처럼 그다지 어렵지 않게 **상상**할 수 있다.

이로부터 상상할 수 있는 모든 것이 있을 법한 것은 아니라는 결론이 나온다. 우리는 논리적으로 일어날 수 없는 것들을 상상할 수 있으며, 만약 그것들이 과연 논리적으로 불가능하다면 그것들은 필연적으로 경험적으로도 불가능할 수밖에 없다. 가상현실에 대한 생각과 가상공간의 미래로 나아가려면 우리는 개념상 가능한 영역에 스스로를 제한하고 공상과학 소설가의 불가능한 상상물들은 무시할 필요가 있다. 동시에 만약 우리가 가상공간의 미래에 대해 상당히 실제적으로 생각하려고 한다면, 우리가 앞장에서 말한 것을 되풀이하기 위해서 우리는 **기술적으로** 가능한 것에 관해 숙고할 자유를 주어야 할 것이다. 현재로서는 인터넷상의 생활은 대화식 텔레비전보다 크게 나을 것이 없는 정도이다. 그러나 사람들은 미래에 개발될 가상현실 기술을 위한 장치를 인터넷에 접속할 수 있을 때는 '총체적' 체험과 훨씬 더 비슷한 어떤 결과가 될 것이라고 추측하곤 했다. 이것으로 가는 도중의 정거장 하나가 정보 기술 세계에서 가장 열정적인 미래 학자 중 하나에 의해 다음과 같이 기술된 '보디네트(bodynet)'이다.

보디네트는 MIT 컴퓨터공학연구소 올린 쉬버스의 두뇌의 산물이다……. 쉬버스 보디네트는 당신이 쓰는 '마법의 안경'을 토대로 한다. 그것은 당신이 가는 곳을 당신이 보게 해주고, 또한 각각의 눈에 천연색 화상들을 보여주는 삽입된 소형 화면이 있는 투명한 렌즈로 되어 있다. 화상들은 당신의 혁대나 당신의 지갑에 있는 담뱃갑 크기의 컴퓨터에서 만들어 낸다. 안경에는 당신이 보고 있는 곳을 탐지하기 위해 당신의 흰자 위의 움직임을 추적하는 감광성 반도체 소자 감지기들도 있다. 안경에 부착된 소형 송화기와 수신기가 당신이 당신의 장비에다 말하고, 장비가 하는 소리를 듣게 한다……. 장치들은 '보디토크(bodytalk)'라고 명명한 언어로 서로 의사소통하는데, 당신 몸을 감싸는 보이지 않는 외피——보디네트워크 또는 보디네트——에 갇힌 저출력 전파로 발송된다.(더투조스, p.64-65)

보디네트 또는 '스마트룸(smartroom)'(더투조스가 묘사한 또 다른 고도의 첨단 기술 장치)은 가상현실과 반드시 관련되는 것은 아니지만 이와 밀접한 관계가 있거나 있을 것으로 기대된다. 편의상 이런 장치와 그 가능한 사용법에 대한 사색은 간혹 '가상현실 보디 존'으로 알려진 것으로 통합할 수 있다. 가상현실 보디 존 배후의 열망은, 그것이 인터넷에서의 만남을 텔레비전을 시청하는 것과는 훨씬 덜 비슷하고 실재하는 것에 대한 체험과 더 비슷하게 만들 것이라는 것이다. 그리고 보통 '가상현실'이라는 용어가 적용되는 것은 지금 일반적으로 널리 보급되어 있는 쪽보다는 바로 그런 장치를 **가진** 인터넷의 세계여야 한다.

인터넷광들과 미래학자들, 그리고 이들 기술적 고찰이 허용하는 모든 진보와 이점들을 인정하고, 당장은 '가상현실'이라는 문구를 그런 장치까지 포함해서 컴퓨터 통신이 가능하게 할 종류의 체험을 가리키는 데 전개시키도록 하자. 그렇다면 우리는 다음과 같은 질문들을 할 수 있다. 가상현실은 어떤 의미에서 새로운 존재 양식이 아닐까? 그리고 그렇다고 한다면 그것은 우리 모두가 잘 아는 일상 세계보다 좋을까 나쁠까?

'가상의 것'과 '실재하는 것'

'가상'의 다른 사용례들을 참작해 보라. '사실상의 확신'이라는 표현에서 'virtual'은 '마찬가지'라는 의미이다. 그렇다면 어떤 것을 사실상 확신할 때 확실하지 **않을**지라도 그것은 어쨌든 진행중인 목적을 위해 그런 것으로 받아들여질 수 있다. 그것이 통용되는 한 '가상현실'이라는 표현은 비슷한 방식으로 작용하는 듯이 보인다. 그것은 적어도 어떤 목적을 위해 실재하는 것과 동일한 것이 아니라 실재하는 것과 마찬가지인 것을 나타낸다. 물론 이것을 이해하는 데는 '실재하는 것'으로 우리가 무엇을 의미하는지에 따라 많은 것들이 결정되지만, 나는 우리가 이것을 이론적으로 상세히 설명할 필요가 있다고 생각하지 않는다. 어떤 개별 사례에 있어서건 그것은 아주 명백할 것이다. 사실상 진짜 마릴린 먼로를 만났다는 것은 그녀를 육체의 형태로 만났다는 것이나 마찬가지이다. 가상현실 속에서 아이거 봉을 오르는 것은 아이거 봉을 오르는 것이나 마찬가지이다. '사실상' 동남아시아 정글 깊숙이에서 사람을 잡아먹는 호랑이를 만났다는 것은 진짜 호랑이 하나를 만난 것이나 마찬가지이다. 이들 각각의 예에 대해 우리는 물론 '특정한 목적을 위해서'라는 조건을 덧붙여야 한다. 그 목적에는 무엇이 있을 수 있을까? 마지막 예가 우리에게 실마리를 제공한다. 식인 호랑이를 만나는 것이 '어떤 것인지' 알기 위한 목적에는 가상적인 것이 실제와 마찬가지이며, 더 나아가 거기에는 통상적인 위험 부담이 전혀 없다는 이점이 있다. 그 예는 확실히 확대될 수 있어서 가상호랑이에 의해 '가상적으로 먹히는' 존재를 상상할 수 있고, 따라서 호랑이에게 잡아먹히는 것이 어떤 것인지 알게 된다. 하지만 어떤 죽음도 발생하지 않으며, 이는 가상현실이 실재하는 것에 대해 갖는 이점이어야 한다.

식인 호랑이에 대한 예의 확대가 우스꽝스러울 정도로 환상적인 영역으로까지 우리를 데려가지는 않는 것으로 생각될지도 모른다. 그리고 어쩌면 그럴 것이다. 그러나 그것은 우리로 하여금 가상현실에 관해 두 가지 중요한 의심을 제기하게 한다. 첫째, 실제로 잡아먹힐 위험이 없다는 것을 알면 우리는 식인 호랑이가 '어떤 것인지' 정말 깨달을까? 둘째, 이것을 하기 위해 보디네트와 스마트룸의 장치 일체가 필요한가? 이 중 두 번째 의문부터 시작하는 것이 대단히 편리할 것이다.

네트워크된 가상현실 보디 존의 사람들은 훨씬 간단한 형태의 가정(假定)에 자극받고 사로잡힌 사람과 그렇게 아주 다른가? 최소한 그들이 그런지는 확실하지 않다. 가정의 일상적인 힘은 아주 상당하기 때문이다. 이것은 《가정으로서의 모방》이라는 제목의 중요한 미학 연구서의 저자 켄들 월턴이 과제로 삼은 예술 전반에 관한 사실이다. 그의 논문들의 중요한 부분은 영화와 연극·소설, 기타 다른 형태의 예술적 상상력 속에 구현된 가정의 세계가 우리로 하여금 묘사된 경험들을 보통 비용을 들이지 않고도 '즐기게 한다'는 것이다.

가정……은 진정 놀라운 발명이다. 우리는 착한 사람이 승리한다는 것을 확실히…… 할 수 있다. 실생활에서는 악한 사람이 승리할 경우 경험을 통해 배우는 것이 있을지 몰라도 대가가 있다. 가정은 무료로 경험을——어쨌든 그와 같은 어떤 것을 제공한다. 허구와 진실 간의 상이는 우리가 실세계에서 경험해야 할 노고를 덜어 준다. 우리는 힘든 경험을 겪지 않고도 그것이 주는 유익함을 얼마간 깨닫는다.(월턴, p.68)

이것이 예술 작품의 가치에 대한 좋은 설명이 될지는 의문의 여지가 있지만 지금 그것은 문제가 아니다. 그보다 우리는 완전한 가상현실 효과가 가능한 인터넷의 과시적 장점이 근본적으로 새로운 어떤 것을 만들어낼지 알고 싶어한다. 그리고 그 대답은 그렇지 않다는 것으로 보인다. 확실히 가상현실이 '경험——하여튼 그 비슷한 어떤 것——을 무료로 제공'하는 것은 사실일지 모르지만 이것은 단지 연극과 소설·영화 같은 기술적으로 덜 진보한 매체에서 보이는 가정의 '놀라운 발명'에 대한 월턴의 주장일 뿐이다.

가상공간의 선진적 성격에도 불구하고 실제로 여기에 아주 큰 차이가 없다는 것을 이해하기 위해서는 한편으로 '……는 어떤 것인지' 경험하는 것과 다른 한편으로 이것을 유발하는 정해진 어떤 매체간의 관계에 대해 뭔가 좀더 이야기될 필요가 있다. 내가 밀림에서 만난 호랑이 이야기를 읽고 있다고 하자. 그것은 허구일 수도 사실에 대한 보고일 수도 있지만, 훌륭한 작가에게 맡겨져서 둘 다 '어떤 것인지 아는' 느낌을 내게 유발할지 모른다. 물론 설명을 읽은 덕택에 어떤 것인지 아는 것과, 내 자신이 이 상황에 있어 봤기 때문에 그것이 어떤 것인지 아는 것 간에는 확실히 차이가 있다. 그 차이의 중요한 부분은 이런 단순한 사실에 있다. 첫번째 경우 비록 내가 '그것이 어떤 것인지 안다'고 하더라도 내가 호랑이를 만난 것은 사실이 아니다. 두번째 경우 내가 실물을 만났다는 것은 사실**이다**. 그리고 내가 그것이 어떤 것인지 아는 것은 바로 이것이 사실이기 때문이다. 그러나 이 차이는 내가 단지 그에 대한 것을 읽은 것뿐만 아니라 가상호랑이를 만난 것에도 적용된다. 그러나 이 경우 역시 호랑이에 대한 가상경험이 아무리 실물과 똑같을지라도 그것은 호랑이를 **실제로** 경험한 것이 아니고, 기술적 정교함이 아무리 증대되어도 그렇게 만들 수는 없을 것이다.

영화와 소설 간에 차이가 있는 것처럼 이야기하기와 가상현실 경험 간에는 확실히 예기된 차이가 있다. 그런데 두 경우 모두 그 인상이 아무리 생생하더라도 부득이 박진성은 떨어질 수밖에 없으며, 그런 차이는 이야기하기와 가상현실 간이건 영화와 문학 간이건 대안이 되는 매체의 성격 속에 있음에 틀림없다. '그것이 어떤 것인지 아는 것'은 두 경우 모두 같다. 다른 것은 이것을 유발시키곤 하는 수단일 뿐이다.

이 차이를 다음과 같이 묘사하는 것도 그럴듯해 보인다. 확실히 작가의 상상력과 묘사력의 도움을 받는다 해도 이야기책의 경우는 내 상상력에 달려 있다. 대조적으로 가상현실의 경우는 내 상상력의 여지가 훨씬 덜하며, 어쩌면 거의 아무것도 없는 것이 상상력이 보통 중개 역할을 하는 경험과 실제와의 격차가 전자 매체의 기술적 고안물들에 의해 메워지기 때문이다.

호랑이에 대해 읽는 것은 호랑이를 만나는 것과 **전혀 유사하지 않은** 반면, 호랑이에 대한 가상경험은 호랑이를 실제로 경험하는 것과 **아주 유사하다**고 말함으로써 이 점을 강화하려고 하는 유혹이 있다. 이것이 사실이라는 데 동의하자. 그럼에도 불구하고 가상경험의 취지 또는 가치가 '어떤 것인지' 알게 되는 것이라면, 이것은 또한 내가 책을 읽는 것으로 해서 촉발된 상상력에 의한 경험에 있어서 역시 사정은 마찬가지이다. 가상현실이라고 하는 것이 이런 '어떤 것인지' 하는 감각을 특히 상상력이 풍부하지 않은 것들 중에서 좀더 쉽게 그리고 아마도 좀더 생생하게 유발시키는 이점이 있기는 하지만, 가상현실의 장점이 '어떤 것인지' 알게 되기 위해 그것이 실재하는 것과 '마찬가지' 가 되는 데 있다고 한다면, 이것은 기술적으로 훨씬 덜 복잡한 다른 매체에도 역시 해당된다는 문제는 여전히 남는다.

우리에게 아주 익숙한 소설과 영화 같은 매체와 이제 발명될 가상의 보디 존 간의 아주 큰 차이를 분별하는 데 어려움이 있음에도 불구하고, 내 생각에 가상현실 경험 X는 아주 중요하고 재미있는 방식으로 단순히 X에 관한 책을 읽거나 영화를 보는 것보다 실제 경험 X에 **더 근접한다**고 주장할 것 같다. 그런데 이 더 근접함은 어디에 근거한 것일까? 일반적인 대답 하나는 가상현실 경험들은 실재하는 것과 '똑같다' (또는 어쨌든 그럴 것이라는)는 것이다. 이것이 사실인가? 여기에 앞서의 두 질문 중 첫번째 것으로 되돌아갈 이유가 있다. 실제로 잡아먹힐 위험이 없다는 것을 알면 식인 호랑이에게 대항하는 것이 '어떤 것인지' 정말 이해할까? 소설과 연극에 관해서는 이 질문에 '아니오' 라고 대답한다고 하자. 그렇다면 가상현실의 경우 역시 '아니오' 라고 대답해야 한다. 이것은 몸에 두른 보안경과 데이터가 장갑 안에서의 경험이 아무리 생생할지라도, 우리는 앉아서 책을 읽을 때 아는 것과 마찬가지로 잡아먹힐 위험에 있지 않음을 알기 때문이다. 나는 가상현실 기계 장치와 관련해서, 이를테면 가상현실의 경우 우리는 잡아먹힐 가능성은 없다는 것을 정말 알게 된다 **하더라도** 많은 사람들이 '네' 라고 대답하고 싶어할 것이라고 추측한다. 이렇게 말하고 싶은 유혹은 그런 상황하에서는 사람들이 실제 호랑이의 면전에서와 같은 감정을 경험하고 같은 반응——공포·불안 등——을 드러낼 법함을 우리가 예상할 수 있기 때문이다. 그러나 바로 같은 근거에 의해서 우리는 다른 매체의 경우 역시 '네' 라고 대답해야 할 것이다. 소설과 영화·연극이 자기 집 같은 낯익은 주위 환경 속에서조차 관객에게 강력한 정서적 반응——공포 영화에서는 공포, 비극에서는 슬픔 등——을 일으킬 수 있다는 것은 사실(예술철학자들에 의해 많이 논의되는)이기 때문이다. 내가 보기에는 어느쪽이든 다른 가정의 경험들보다 가상현실 경험에 **본질적으로** 다른 점이 있다고 생각할 아무런 이유가 없는 것으로 추정된다. 기껏 해야 생생함이나 강렬함의 정도 차가 있다고 생각함이 마땅할 것이다.

이에 대한 이유는 아직까지의 분석에 의하면 가장 기술적으로 정교한 가상현실 장치들조차 '현실성' 없는 경험으로 해석되어야 하기 때문이다. 결여된 것은 우리로 하여금 가상현실은 환영(幻影)──그것은 다른, 다르지만 어떤 목적을 위해서는 다른 어떤 것과 마찬가지로 (또는 그보다 더) 좋은 **종류**의 현실──이상이라고 말하고 싶게 할 어떤 요인인 듯 보인다.

현실의 일종으로서의 '가상'

앞장은 인터넷 공동체에 관한 것이었다. 우리가 주목했듯이 이것들은 흔히 '가상공동체'로 지칭되며 가상현실, 곧 이제 우리가 의심해 볼 이유를 발견한 '현실'에 대해 토론을 하게 한 것도 바로 이 표현이다. 그래도 '가상공동체'에서 '가상'이라는 용법은 세간에 좀더 퍼진 '가상현실'이라는 표현 속에서의 용법과는 조금 다른 무엇인가를 신호하는 듯이 보인다. 가상공동체는 실재하는 것을 경험에 의해 분간할 수 없게 모방한 공동체가 아니고, 오히려 다른 종류의 공동체이다. 이런 의미에서 '가상'은 현실의 환영이 아니라 다른 종류의 현실을 나타내며, 이것이 바로 우리가 탐구하고자 하는 생각이다.

이 용어를 탁월하게 사용하고, 또 어느 정도 통용된 정의를 내린 사람은 《가상공동체: 전자적 미개척 분야에서의 정주 장려책》의 저자 하워드 라인골드이다.

가상공동체는 많은 사람들이…… 가상공간 안에서 사적인 관계의 망을 형성하기에 족할 만큼 충분히 인간적인 감정을 가지고서 오랫동안 공개적인 토론을 할 때 통신망에서 나타나는 사회적인 집단이다.(라인골드, p.5)

이 정의에서 제일 처음 주목하게 되는 것은 대리 체험에 대해 아무런 언급도 (암시조차도) 없다는 것이다. 여기에서 이야기된 어떤 것도 가상현실이 하이테크 가상 보디 존의 발달에 의존하거나 그것에 의해 특별히 진전될 것이라고 암시하지 않는다. 대조가 되는 것은 육체를 갖춘 사람들로 된 '진짜' 공동체와 실재하는 것이 어떤지를 전달하는 실험적인 환영이 아닌 듯이 보인다. 차이는 다른 곳에 있다. 이것이 어디에 있을 수 있을까? 대답은 가상공동체의 기원을 상기함으로써 발견될 것이라고 나는 생각한다. 가상공동체라 불리는 집단들이 비롯된 MUDS와 MOOS는 여러 사람이 참여하는 게임으로 맨 처음 고안되었다. 따라서 문제는 이렇다. 조직화된 방식으로 이루어지는 인터넷에서의 상호 작용이 언제 단지 게임이 되기를 그치는가? 그것이 공동체 생활의 (분위기라기보다) 진지함을 띠는 것은 언제인가? 개략적인 대답은 이렇다. **가상**공동체가 형성되는 때이며, 이것이 라인골드의 정의가 (그 성공 여부와 무관하게) 포착하거나 분리하고자 목표한 바로 그 지점이다.

이런 의미의 '가상'에서 가상적인 것은 다른 어떤 것과 비슷한 것이 아니라 그것의 대안이다. 그것이 대조를 이루는 것과 비슷하기도 하고 다르기도 한 특성을 갖는 대안적인 존재이다. 만약 이것이 옳다면 문제는 공동체의 이 대안적인 형태가 고유한 권리를 갖는 존재와 같은 것인지, 우리로 하여금 그것이 독특한 실체를 가지고 있다고 생각하도록 하는 종류의 존재인지 하는 것이다.

그것들 나름대로 정말 아주 다름에도 불구하고 왜 누군가가 이 가상공동체나 저 가상공동체를 부정해야 하는가? 가상현실 보디 존으로 '호랑이를 만나는 것'이나 '아이거 봉을 오르는 것'과 실생활에서 이것들을 하는 것 간의 중대한 차이는 우리가 보았듯이 가정이라는 말로 표현될 수 있다. 가상현실로 호랑이를 (또는 그와 같은 어떤 것을) 만나는 경험을 하는 것은 (이론상) 가능하지만 이것은 소설이나 영화의 도움으로 내가 호랑이를 만났다고 '가정'하는 것과는 아주 다르다. 실물이 부재하므로 내가 **사실상** 호랑이를 만난 적이 없음은 여전히 참이다. 이번에는 다른 사람들과 상호 작용한 유일한 경험이 지오시티나 가상공동체 안에서 형성된 관계에 있었거나 적어도 있게 된 어떤 사람을 상상해 보라. 그런 사람에게 그들은 누군가와 '실제로' 상호 작용한 적이 결코 없었다는 것, 그들은 단지 그렇게 하는 것이 '어떤지' 알았을 뿐이라는 것이 해당될까? 그 대답은 가상현실의 경우보다 훨씬 덜 명확하며, 가상공동체는 그것만의 실체가 있다고 생각하는 것에 어떤 논리적인 근거가 있는 이유도 여기에 있다.

왜 그 대답은 **훨씬 덜** 명료하기만 할까? 왜 그들이 종류는 다를지라도 참으로 진정한 관계를 형성했다는 것이 분명하지 않은가? 남아 있는 의심은 이 중요한 사실에서 나온다. 그들이 이 수단에 의해 맺는 막연히 많은 관계는 허구적일 수도 있는 듯이 보인다는 것이다. 이 시점에서 우리는 사실상 앞장 말미에서 유보해 두었던 토론으로 되돌아간다.

가상공동체는 이론적으로 우리가 가정하고 있는 한 사람의 실제 인물 (편의상 한 사람의 실제 인물은 테크노스(Technos)라고 하는 여자일 수 있다) 과 무한정 많은 가공의 인물들로 구성할 수 있을 것이다. 만약에 테크노스가 이것을 모르고는 자신이 잡담을 하고, 배우며, 자신이 조언을 얻고 하는 친구와 지기들을 갖고 있다고 믿는다면 그녀는 속는 것이 아닐까? 거기에는 오직 꾸며낸 인물들이 있을 뿐 친구들이란 없으니 그녀가 그들과 어떻게 진정한 관계를 가질 수 있겠는가? 테크노스 자신이 인터넷에서 자신을 표현하는 성격의 더 많은 부분을 꾸며냈다고 상황을 바꿔 보라. 그것이 어느 정도 속임수를 쓰는 한 이제 모든 것은 장난보다 나을 것이 없는, 아마 그보다 더 나쁜 기만으로 보인다.

그러나 그 결과로서 생기는 공동체 생활은 정말로 기만인가? 가상공동체의 모든 인물들이 그것들은 '관리'하는 현실의 '프레이어(player)'와 상당히 다른 경우는 확실히 탐구해 볼 가장 재미있는 경우이다. 만약 이 상황에서 우리가 그들이 구성하는 공동체에 어떤 현실성이 있다고 생각할 방법을 발견할 수 있다면 참으로 흥미롭게 다른 종류의 가상현실을 찾아야 했을 것이다. 이 가능성을 설득력 있게 설명함에 있어서 가장 큰 어려움은 물론 그런 공동체가 사실상 그것이 기원한 것——즉 단순한 게임(game)——으로 되돌아갔을 것이라는 생각에 있다. 따라서 우리는 단지 상상되어진 완전히 허구의 공동체가 라인골드가 정의를 내릴 때 의지한 그런 진지함을 가질 수 있을지, 또는 아주 대단히 정교한 게임에 불과할지 질문할 필요가 있다.

'가상' 성취

이 문제를 탐구하는 일을 간단히 하기 위해서 나는 몇몇 약정 용어를 도입할 것이다. '공동체'라는 말은 통상적인 경우——우리가 앞장에서 설명한 '공동체'의 엄격한 기준을 이것들이 충족시키든 않든 우리에게 익숙한 마을·협회·도시·국가를 일컫는 데 사용하기로 하자. 그리고 일반적으로 가상공동체로 불리는 많은 인터넷 집단에 진짜 사람들이 '살고 있다'는 사실을 무시하고, 모든 화면상의 인물들이 말하자면 단말기에 앉은 사람들의 **분신**인 인터넷 집단을 위해서 '가상공동체'라는 말을 유보해 두자. 이런 제한된 의미에서의 가상공동체는 게임 이상의 어떤 것일까?

컴퓨터 게임들은 가상현실과 어딘지 공통되는 점이 있다. 컴퓨터 게임에서 이를테면 나는 많은 사악한 침입자들을 '죽인다.' 물론 그렇다고 해도 나는 결코 실제로 누구를 죽여 본 적이 없음은 명백한 의미에서 사실이다. 다시 말해서 실제로 내가 호랑이를 '가상현실로 만나는 것'이 실제 호랑이를 만나는 것에 미치지 못한다는 앞서의 예에서와 마찬가지로 그 체험이 아무리 생생할지라도 게임에서는 침입자들을 '죽이는 것'에는 유사한 부족함이 있다. 게임 속에서 많은 침입자들을 죽이는 것을 가상의 승리가 아니라 **실제** 승리로 보기 때문에, 그럼에도 불구하고 차이가 있고 또 그 모든 차이를 만든다고 우리가 말할 수 있을지도 모른다. 다시 말해서 '게임 침입자들 죽이기'는 '진짜 침입자들 죽이기'와는 다르지만 그래도 성취이다. 그것은 **같은** 성취는 아니지만 그래도 성취──게임 내에서의 성취이다. 유사하게 테크노스에 의해 확립된 관계는 다른 단말기에 있는 사람과의 관계가 아닐지라도 '가상공동체 내에서의' 관계이다. 두 가지 의문이 생긴다. 첫째, 이것은 테크노스 자신이 고안된 인물이라 하더라도 여전히 해당되는가? 둘째, 만약 그렇다면 이것은 그것으로 이룩한 관계를 게임에서의 행동 이상의 어떤 것으로 만들 수 있는가?

우리는 이 문제들을 더욱 탐구할 수 있게 그 예를 확대할 수 있다. 테크노스가 가상공동체(그것을 사이버빌이라고 부르기로 하자)의 시장을 선출하고 건설 계획에 착수한다고 상상해 보자. 누군가 온라인에 접속할 때마다 그 인물은 적절한 건물 아이콘을 추가함으로써 모습을 드러내고 있는 공동체의 건설에 기여해야만 하는 '법'이 제정된다. 그렇게 하지 않으면 축출된다. 시간이 지나며 이 협동 행동은 사이버빌이 인터넷에서 발견되는 가상공동체 중 가장 정교한 건축 구조물을 갖는 것으로 귀결된다. 그러면 테크노스는 '정치적' 오판을 내리기 시작하고, 그녀가 수행하는 정책은 불화의 원인이 된다. 이 불화가 너무나 커서 점점 더 많은 인물들이 사이버빌을 떠나 마침내 그것은 방기되고, 사이버빌로 알려진 가상공동체는 없어진다. 다시 말해서 원래의 변방에서 그런 경우가 아주 많았던 것처럼 그것은 '컴퓨터 변방의 유령의 도시'가 된다. 우리는 한동안 지속했던 건축 구조물이 중요한 성취였다는 것과 가상공동체에 대한 테크노스의 오판이 유사하게 중요한 실패였다고 말할 수 없지 않을까? 만약 우리가 이렇게 말할 수 있다면 내가 보기에 우리는 사이버빌은 현실에 대한 다른 규칙으로 된 공동체이고, 따라서 단순한 게임 이상으로 중요한 어떤 것이라는(또는 이었다는) 생각에 의미를 부여한 것이다.

이것이 올바로 내린 결론인지 결정하기 위해서는 좀더 조심스럽게 사이버빌의 역사를 기술해야만 한다. 방금 내가 제기한 문제에도 불구하고, 결정적인 점은 '가상공동체 안에서의' 성취나 실패가 게임 안에서의 행동인지 어떤지가 아니라 그 성취나 실패를 이 공동체에 거주하는 사람들에게 당연히 돌릴 수 있는지의 여부이다. 거주자들이 인상적인 구조물을 세웠나? 테크노스가 시장으로서 공동체를 저버렸나? 이것을 의심하는 것은 일리가 있는 듯하다. 엉망이 된 공중질서와 미풍양속이 테크노스에 의해 결정된다고 말하는 것은 이상해 보이기 때문이다. 그 정책이 테크노스의 **창조자**──단말기에 앉은 사람──에 의해 결정된다고 주장하는 것은 더욱 거짓말 같지 않은가? 테크노스가 오만하고 독재적인 기질을 갖고 있는 한편 테크노스의 창조자는 전혀 그렇지 않고, 또 이 오만과 독재 때문에 그 정책이 실패했다고 가정하자. 그렇다고 해도 우리는 창조자의 궁극적인 책임을 배제하지 않았다. 테크노스가 이런 성격을 갖도록 결정하고 이 기질을 가장 잘 나타내는 반항과 반응을 단계적으로 고안했던 사람은 바로 창조자이기 때문이다. 간단히 말해서 이런저런 점에서 우리는 진짜 사람들을 언급해야만 하며, 가상공동체를 구성하는 가공의 인물들에 의해서는 사이버빌 전체 역사를 완전히 설명할 수 없는 것으로 보인다.

그러나 이것이 그것은 모두 게임임을 증명하지는 않는다. 테크노스의 창조자는 제 기능을 다하는, 자기 이름이 붙은 인상적인 전자 건조물을 가진 공동체를 한동안 성공적으로 관장했다. 이것의 진위는 사이버빌의 사람들은 허구라거나, 그 건조물의 기초는 물리적인 공간에 존재하는 벽돌과 시멘트 반죽이라기보다 서버들이 보유하는 디지털 정보라는 사실에 의해 바꾸지 않는다. "당신은 무엇을 성취한 적이 있습니까?"라는 질문을 받고 테크노스의 창조자는 진짜 존재했던——가상공간 안에서 **실제로** 존재했던——공동체와 건축 구조물을 정직하게 가리킬 수 있다. 이것은 앞서 가상현실의 예와의 차이를 드러낸다. 거기에서 가상현실 보디 존 덕분에 호랑이를 만나는 경험을 했던 사람은 "나는 호랑이를 맞닥뜨리는 것이 어떤 것인지 알아"라고 말할 수 있을 테지만 "나는 호랑이와 맞닥뜨린 적이 있어"라고 말할 수는 없다. 대조적으로 테크노스의 창조자는 "나는 공동체를 관장하는 것이 어떤 것인지 알아"라고도, "나는 공동체를 관장해 본 적이 있어"라고도 말할 수 있다. 게다가 바로 그녀가 진심으로 후자와 같이 말할 수 있기 때문에 그녀는 전자를 말할 수 있다.

나는 특별히 이 예를 조심스럽게 선택했다. 같은 논지가 가상공동체 안에서 수립된 모든 관계에 대해서 충분히 입증될 수 있을지 분명하지 않기 때문이다. 웹맨(Webman)이라는 또 다른 가상인물을 상상해 보라. 이럭저럭 웹맨과 테크노스가 사랑에 빠져 결혼을 해서 사이버빌에 새로운 가정을 꾸몄다고 하자. 이에 힘입어 테크노스의 창조자는 그녀가 사랑에 빠진 것이 어떤 것인지 알았다고 주장할 수는 있지만, 그녀가 사랑에 빠졌었다고 주장할 수는 없다고 생각하는 것이 그럴듯해 보인다. 이로부터 우리가 가상현실 보디 존에서 경험한 것들과 같은 모의성취에 반대되는 **몇몇** 인터넷상의 관계와 활동만을 진짜 성취에 포함시킬 수 있다는 결론이 나오고, 이번에는 이것이 가상공동체 안에서 발견될 수 있는 뚜렷이 구별되는 현실은 아마 대단히 제한적일지도 모른다는 것을 암시한다.

그러나 전반적인 요점은 이렇다. 가상현실——모의실험이 아니라 방금 기술된 가상공동체 안에서 실현된 종류의 세계라는 뜻으로 해석된——은 당연히 뚜렷이 구분되는 존재의 양식, 즉 게임일 뿐만 아니라 제한되기는 하지만 중요한 범위의 일들이 성취되고 사멸될 수 있는 그 자신만의 세계인 양식으로 생각될 수 있다. 만약에 지금 이 최소한의 주장에다가 인터넷은 아주 발달 초기에 있다는 조언을 덧붙인다면 가상공간의 미래는 형이상학적인 신기함——가상공동체를 통해 해석된 가상현실이 어느 정도 새로운 세계이고 우리에게 임박한 세계라는 것——을 가져다 줄 것이라고 생각하는 것은 일리가 있다.

형이상학적 신기함이라는 이 생각을 좀더 분명히 하기 위해서는 '사이버스토어'라고 불리곤 하는 것——매우 다양한 재화가 점검되고 주문될 수 있는 인터넷 사이트——을 고려하는 것이 도움이 될 것이다. 닐 배렛은 말한다.

> [사이버스토어는] 가상현실의 완성인 가장 크고 중요한 메가스토어로 기술될 수 있다. 소비자들은…… 마우스나 키보드를 사용해서 사이버스토어를 훑어가며 그들이 찾는 것을 지목할 수 있다. 재화로 가득한 선반들이 나타나고, 물건을 사는 손님은 물건을 선택해 견본으로 조사——아마도 단지 영상을 '클릭함'으로써——할 수 있다.(배렛, p.112)

인터넷 쇼핑은 이제 상당히 흔한 일이며, 급속히 성장하고 있다. 인터넷 서점 아마존(Amazon.com)의 연간 판매 증가량은 4백80퍼센트가 넘는다고 공표했다. 그러나 그 대부분은 그저 우리가 수 세기 동안 해온 것을 다른 수단으로 하는 문제일 뿐이다. 예를 들면 우리는 책을 주문하지만 그 책은 통상적인 수단에 의해 평범한 창고에서 급송된다. 더욱 재미난 것은 구매자의 개인 컴퓨터에 직접 데이터를 전송하고 완전히 전자적인 신용카드에 의해 컴퓨터로 처리된 은행 신용 대체 시스템을 통해 받는 사람의 소득으로 돈을 지불하는 전자 재화들——문서·영화·음악——만을 판매하는 사이버스토어들이다. 그런 사이버스토어는 전적으로 인터넷 세계 안에서 운영되며, 그것이 일반 세계에 '접하는' 지점은 오직 소비와 소비자의 만족의 순간뿐이다. 그러나 그것이 판매하는 것은 아주 많다. 재화도, 재화의 양도도, 금융 거래도 통상적인 물리적 형체를 갖고 있지는 않지만 이것들은 **실재하는** 재화이고 판매이며 양도——아마 가상적으로 실재할 테지만 그래도 실재하는——이다. 요는 그것들이 인터넷과 월드 와이드 웹이 출현하기 전에는 존재할 수 없었던 방식이라는 것이다.

가상공간의 빈곤

그렇다면 이런 식으로 해석된 가상현실은 일종의 현실이며, 그저 다른 어떤 것의 복사나 모의실험이 아니라는 가장 중요한 문제가 남는다. 설령 비유적인 의미뿐만 아니라 형이상학적인 의미에서 실로 새로운 세계가 관찰될지라도 우리가 그것을 환영할 특별한 이유가 있는가? 내가 보기에 이 질문에 대한 대답은 그것이 대체할지도 모르는 다른 매체에 관계된 이 새로운 매체의 가치에 대해 우리가 말할 수 있는 것에 의해 결정된다. 다시한 번 더 토론을 단순화하기 위해서 나는 조건을 만들고, 지금부터 '가상현실'을 테크노스와 사이버빌·가상메가스토어의 예가 분리시킨 매체를 의미하는 데 사용할 것이며, 그것이 통상적으로 가상현실 보디 존 및 기타 그와 같은 종류의 것과 맺는 어떤 특별한 관계는 무시할 것이다.

왜 우리는 말하자면 거리의 공동체 생활보다 가상현실 속의 공동체 생활에 더 호의를 보일까? 하나의 가능한 설명은 월턴이 가정으로 설명한 것에 있다. "우리는 경험을 통해서 배운다고 하지만 나쁜 사람들이 성공할 때 실생활에서는 치를 대가가 있다. 가상은 무료로…… 경험을 제공한다"는 그의 주장을 상기할 것이다. 이런 생각이 사이버빌에 어떻게 적용되는지 보기란 어렵지 않다. 하지만 '무료'라는 것은 꼭 맞는 말은 아니다. 실재하는 공동체가 알력과 경쟁으로 붕괴될 때 확실히 지불할 대가가 있는 한편 가상공동체의 해체에도 지불할 대가는 있다. 그러나 그것은 똑같지는 않고 확실히 그렇게 대단하지도 않다. 뼈가 부러지는 것도, 피를 흘리는 것도 아니고, 건물이 파괴되거나 사업이 망하는 것도 아니다. 파괴되는 것은 가상공동체 자체와 그 존재에서 비롯되었던 가상적으로 실재하는 성취이다. 만약 우리가 라인골드의 정의를 심각하게 받아들이면 가상현실 안의 공동체 건물에는 '충분한 인간 감정'이 포함되며, 이 감정은 흩어져 없어지고 좌절될 것이다. 그 자체는 '가상의' 느낌이 아니라 테크노스의 창조자들과 다른 모든 인물들에 의해 주어진 감정이다. 이것이 진짜 대가이다. 그러나 그것은 그들의 평범한 가정과 공동체가 시민 투쟁의 희생이 되는 사람들이 경험하는 상실에는 못 미치는 대가이다.

이것이 불러일으키는 한 가지 생각은, 선택권이 주어지면 인간은 일상적인 관계보다 가상의 관계에 개입함으로써 위험에 덜 내맡기게 될 것이라는 것이다. 이것이 가상현실 세계의 매력인가? 그에 대한 대답은 감소된 위험과 더욱 제한된 그런 개입의 성격간의 균형에 달려 있다. 이것은 미래의 가상공간의 성격을 알기에 앞서 하기는 힘든 추정이다. 그럼에도 불구하고 가상공간이 갖는 한계들은 일상 생활 속에서 상응하는 관계에 작용하는 한계들보다 언제나 크며, 그 결과 감소된 위험이 있음직한 이익의 상실을 넘어서지는 않을 것이라고 추측하는 것은 일리가 있어 보인다. 이 장의 탐구를 지켜본 사람은 사실 가상공동체는 실제 공동체들에 대한 상대적으로 빈약한 대체물이 결코 아니라고는 도저히 결론내릴 수 없을 것이다. 그것의 빈곤은 가상현실 보디 존 경험의 경우처럼 그것들이 단지 우리가 본 대로 결정적인 현실 요소를 결한 환영일 뿐이라는 데 있는 것이 아니다. 그러나 현재의 계산으로는, 그리고 사람이 합리적으로 이해할 수 있는 한 미래로 갈수록 그럼에도 불구하고 그것들은 황폐화된다. 가상현실의 가능성은 추가의 이익을 가져다 줄 테지만, 그러나 일상 생활의 맥락이 아닌 인터넷에서 주로 생활하는 것은 초라한 존재 방식이 될 것이다.

이 장에서 우리는 인터넷이 외부로 어디까지 세력을 미치는지 탐구하고 있다. 앞의 여러 장들은 인터넷의 좀더 세속적인 영향에 관한 것이었다. 이제 결론에서 우리의 연구 결과를 요약해 볼 때이다.

맺는말

  1890년대초에 미국 신문연합에서 74명의 미국의 유명 인사들을 상대로 1993년의 생활에 대해 설문 조사한 후, 그 결과를 1893년 시카고 세계 콜럼버스 박람회에서 발표했다. 데이브 월터가 아주 재미있는 책으로 묶어 놓은 그들의 대답들은 기술적 외삽법의 위험을 보여 준다. 주목할 만한 것은 핵무기나 초소형 전자 기술을 빠뜨리지 않은 것이다. 19세기 후반에도 많은 유명인들이 대량 파괴를 위한 새로운 무기뿐 아니라, 전기로 동력을 공급받아 지구 전역에서 커뮤니케이션이 이루어지는 새로운 형태를 예견했다. 대규모 자동차 운송의 등장을 간과한 것이 두드러진다. 1886년에 카를 벤츠가 특허를 낸 내연 기관을 포위할 연쇄적인 기술적 · 상업적 · 사회적 · 정치적 사건들을 이해하는 사람은 없었다.(테너, p.x)

  개인 자동차가 인간 삶의 거의 모든 면에서 발휘하는 막대한 효력을 가정하면 이것은 어처구니없는 간과였다. 그러나 의뢰받은 사람들이 그것을 예견**해야 할** 어떠한 이유도 보이지 않는다. 인터넷에 대해서는 그 입장이 조금 다르다. 우리는 이미 그 발달 도중에 있으며, 또 그것이 발전하는 규모와 속도를 어느 정도 알고 있다. 그럼에도 불구하고 문제의 길이 사실상 미래 학자들이나 열광자들이 예견한 정보의 고속도로일지는 아직도 확실하지 않다. 우리가 알고 있는 것은 그런 예견 모두가 난제로 가득 찼다는 것이다. 그럼 인터넷의 영향에 대한 어떤 조사도 실패할 수밖에 없다는 결론이 아닌가?

  이것은 내가 이 책 서두에서 제기하고, 오직 논증 과정 자체만이 그 대답을 할 수 있을 것이라고 주장했던 문제이다. 그것은 대답이 되었는가? 되었다면 어떻게 되었는가? 간결하게 결론의 일부를 진술하는 것은 어렵지 않다. 인터넷의 진실은 네오러다이트족들이 갖는 두려움과 기술 애호족이 갖는 희망 사이의 어딘가에 있다. 기술 혁신은 단순히 사전에 선택된 목적을 향해 가는 개선된 수단으로 간주될 수도 없고 되어서도 안 된다. 어떤 기술은 다만 수정되는 한편 다른 기술은 변형되고, 또 우리는 인터넷이 생활의 많은 분야를 변형하기를 기대할지도 모르기 때문이다. 그러나 그것은 더욱 진실되게 민주적인 노선에 따라 정치 생활을 변형하지는 않을 것이다. 아니 오히려 그것이 그러는 한, 그것은 합리적인 의사 결정보다 수요자 정책을 선호하는 경향이 있는 민주주의의 부정적인 면을 강화시킬 것이다. 그것은 도덕적 분열을 권장하기 때문에 모든 개연성 중에서 세분화하는 개인주의의 성격을 약화시키기보다는 강화시킬 것이고, 형식 존중주의자도 그것을 단속하려 하지 않고 가상공동체의 내부 구조도 그런 경향에 효과적으로 거스를 것 같지 않다. 동시에 만약 우리가 훨씬 더 오래된 형태의 가정에서 끌어낼 수 있는 유사한 이점들을 기억하면, 그것은 보완적인 가상현실 대신에 제안할 것을 대단히 많이 가지고 있지 않다.

이렇게 간결하게 진술된 결론은 긍정적으로 들리기보다는 훨씬 더 부정적으로 들린다. 이것은 어느 정도 사실이지만 그것들은 주로 기술 애호족들의 순진한 바람들에 대해 부정적이다. 나의 견해에 의하면 인터넷은 아주 대규모로 새로운 이익과 흥미·가능성들을 계속해서 가져다 주었으며, 또 가져다 줄 것이 확실하여, 머지않아서 인터넷에 접속하는 것이 유익한 일이자 골치 아픈 일이 될 테지만 그럼에도 불구하고 전화나 자동차를 보유하듯 필요한 일이 될 것이다. 그리고 전화나 자동차가 그랬던 것처럼 그것은 우리의 존재 방식을 바꿀 것이다. 그러나 자동차와 전화가 우리 존재의 방식을 아주 대단한 정도로 바꾸어 놓긴 했지만, 그 정도 역시 과장될 수 있다. 벤저민 프랭클린이 한 유명한 말이 있다. "죽음과 세금 외에는 이 세상에서 확실한 것이란 없다." 그러나 분명히 다른 것들 역시 확실한 것으로 이야기될 수 있다──저 인간의 본성과 인간 조건의 특징 들로 기술될 수 있는 존재의 여러 양상들. 사람들은 그들이 늘 누려왔던 것들과 대체로 유사한, 정서적이고 창의적인 삶을 계속해서 누리고 또 존 중할 것이다. 만약 자동차와 전화가 두드러진 변화를 만들어 낸다면 그들 의 세계와 우리의 세계 간의 엄청난 차이를 알기 위해 사람들이 플라톤과 찬송가 작가들 성 아우구스티누스·셰익스피어·오마르 하이얌·뉴턴· 던·톨스토이, 그리고 셀 수 없이 많은 다른 사람들을 계속해서 읽고 연 구하며 평가하는 것 역시 그에 못지않게 두드러진다. 반대로 그들은 각 시대를 괴롭힌 많은 어려움들을 계속해서 공유할 것이다. 현대의 기술은 우리가 질병과 가난에 대항하는 데 도움을 주는 점에 있어서는 (이것들이 과장될 수 있긴 하지만) 거대한 진보를 이루었을지 모르지만, 기술이 질병 이나 빈곤을 **철폐**할 것이라고 믿는 것은 인체 냉동 보존술이 죽음을 극복 하는 효과적인 방법이 될 수 있다고 믿는 것만큼이나 어리석다. 전쟁의 수 단에 반대되는 것으로서의 전쟁의 원인이나, 평화를 확고히 하는 일의 어 려움은 기술적인 진보에 의해 크게 바뀐다는 아무런 조짐도 없고, 실존주 의 철학자들이 대단히 중시하는 자살 가능성은 항존하며, 또 디지털 방식 의 정보 기술이 아무리 값이 싸고 효능이 있을지라도 그것에 의해 제거될 종류가 아니다.

만약 이것이 사실이라면 우리는 인터넷이 인간의 특성과 인간 조건을 변형시켜 주기를 기대하는 만큼, 아니 사실대로 말하자면 그보다 더 인간 의 특성과 인간 조건에 의해 조절된 인터넷을 기대할 수 있을지도 모르며, 그리고 이것은 우리에게 파우스트식 거래에 관해 무엇인가를 말한다. 우 리가 봤듯이 기술 혁신의 변형적이고 예측할 수 없는 특성은 관리하기 쉬 운 형태의 비용 편익 분석을 할 수 없게 한다. 이것은 우리가 그것을 판단할 길이 없다는 의미인가? 그렇지 않다. 그런 기술은 어떤 상황 속에서 존재하게 되고 발전하며, 그 상황은 가장 광범위한 의미에서 방금 언급했던 것——인간의 특성과 인간의 조건——이기 때문이다. 그러나 비용과 이익이 비교될 수 있을지도 모르는 매체를 제공함으로써가 아니라 기술의 궁극적인 가치를 비교 측정해야 할 기준을 제공함으로써 우리가 기술을 평가할 수 있게 하는 것은 바로 상황이다. 내가 작업해 온 것과는 상당히 다른 철학적 견지에서 하이데거가 인식했듯이, 궁극적으로 '기술에 관한 문제'는 **존재한다**는 것이 무엇을 의미하는지와 직접적으로 관계된다.

참고 문헌

Bacon, F., *The New Organon, Indianapolis*, Bobbs-Merrill Educational Publishing, 1960.

Barrett, N., *The State of the Cybernation*, London, Kogan Page, 1996.

Bellah, R., Madsen, R., Sullivan, W. M., Swidler, A. and Tipton, S. M., *Habits of the Heart: Ivdividualism and Commitment in American Life*, Berkeley, University of Califonia Press, 1985.

Benedikt, M.(ed.), *Cyberspace: First Steps*, Cambridge, MA, MIT Press, 1991.

Berry, W., ⟨Why I Am Not Going to Buy a Computer⟩, *What Are People For?*, San Francisco, North Point Press, 1990.

Boal, I. A. and Brook, J.(eds.) *Resisting the Virtual Life: The Culture and Politics of Information*, San Francisco, City Lights, 1995.

Boorstin, D. J., *The Americans: The Colonial Experience*, New York, Vintage Books, 1958.

—— *The Americans: The Democratic Experience*, New York, Vintage Books, 1974.

—— *The Americans: The National Experience*, New York, Sphere Books, 1988.

Borgmann, A., *Technology and the Character of Contemporary Life: A Philosophical Inquiry*, Chicago, University of Chicago Press, 1984.

Burke, E., *On Government, Politics and Society*, Glasgow, Fontana/The Harvester Press, 1975.

Cohen, G. A., *Karl Marx's Theory of History: A Defence*, Oxford, Clarendon Press, 1978.

Conley, V. A.(ed.) on behalf of the Miami Theory Collective, *Rethinking Technologies*, Minneapolis, University of Minnesota Press, 1993.

Dertouzos, M. L., *What Will Be: How the New World of Information Will Change Our Lives*, London, Piatkus, 1997.

Devlin, P., *The Enforcement of Morals*, Oxford, Oxford University Press, 1965.

Dyson, F., *Imagined Worlds*, Cambridge, MA, Harvard University Press, 1997.

Easton, S. M., *The Problem of Pornography: Regulation and the Right to Free Speech*, London, Routledge, 1994.

Elton, M., 〈I Can't Believe It's Not Real: Reflections on Virtual Reality〉, *Ends and Means* 3(1998), pp. 21-8.

Evnas-Pritchard, E. E., *Witchcraft, Oracles and Magic Among the Azande*, Oxford, Clarendon Press, 1937.

Gates, B., *The Road Ahead*, New York, Viking Penguin, 1995.

Graham, G., *Contemporary Social Philosophy*, Oxford, Basil Blackwell, 1990.

—— 〈Liberalism and Democracy〉, *Journal of Applied Philosophy* 9(1992), pp. 149-60.

—— 〈Anarchy of the Internet〉, *Ends and Means* 1(1996), pp. 24-7.

—— *The Shape of the Past: A Philosophical Approach to History*, Oxford, Oxford University Press, 1997.

Graham, K., *The Battle of Democracy: Conflict, Consensus and the Individual*, Brighton, Wheatsheaf Books, 1986.

Gray, T., *Freedom*, Atlantic Cliffs, Humanities Press International, 1991.

Harasim, L. M.(ed.), *Global Networks: Computes and International Communication*, Thousand Oaks, Sage Puclications, 1995.

Harrison, R., *Democracy*, London, Routledge, 1993.

Heidegger, M., 〈The Question Concerning Technology〉, in D. F. Krell(ed.), *Basic Writtings*, London, Routledge, 1993.

Heim, M., *Virtual Realism*, Oxford, Oxford University Press, 1998.

Heyd, D.(ed.), *Toleration: An Elusive Virtue*, Princeton, Princeton University Press, 1996.

Hobbes, T., *Leviathan: or, the Matter, Forme and Power of a Commonwealth Ecclesiasticall and Civil*, Oxford, Basil Blackwell, 1960.

Horn, S., *Cyberville*, New York, Warner Books, 1998.

Hume, D., *A Treatise of Human Nature*, Oxford, Clarendon Press, 1967.

Johnson, S. G.(ed.), *CyberSociety: Computer-Mediated Communication and Community*, Thousand Oaks, Sage Publications, 1995.

Kant, I., *Critique of Pure Reason*, trans. N. K. Smith, London, MacMillan, 1929.

―― *Foundations of the Metaphysics of Morals*, trans. L. W. Beck, Indiana-polis, Bobbs-Merrill Educational Publishing, 1959.

Kieran, M.(ed.), *Media Ethics*, London, Routledge, 1998.

Kujundzic, N. and Mann, D., 〈The Unabomber, the Economics of Happiness, and the End of the Millennium〉, *Ends and Means* 3(1998), pp.11-20.

Leyton, E., *Hunting Humans*, Tundra Books/McClelland & Stewart, 1995.

Locke, J., *Two Treatises of Government*, New York, Cambridge University Press, 1960.

MacIntyre, A., *After Virtue: A Study in Moral Theory*, London, Duckworth, 1981.

Marx, K. and Engels, F., *The Communist Manifesto*, Harmondsworth, Penguin, 1968.

―― *The German Ideology*, New York, International Publishers, 1968.

Matthews, E., 〈Medical Technology and the Concept of Healthcare〉, *Ends and Means* 1(1996), pp.18-20.

Mill, J. S., *On Liberty and Other Writings*, Cambridge, Cambridge University Press, 1989.

Woonteiler, D.(ed.) on behalf of O'Reilly and Associates Inc., *The Harvard Conference on the Internet and Society*, Cambridge, MA, Harvard University Press, 1997.

Petroshi, H., *Engineers of Dreams*, New York, Vintage Books, 1995.

Porter, R., *The Greatest Benefit to Mankind: A Medical History of Humanity from Antiquity to the Present*, London, HarperCollins, 1997.

Postman, N., *Amusing Ourselves to Death*, London, Methuen, 1987.

―― *Technopoly: The Surrender of Culture to Technology*, New York, Vintage Books, 1993.

Puttman, R. D., 〈Tuning In, Tuning Out: The Strange Disappearance of Social Capital in America〉, *Political Science* 47(1995), pp.664-5.

Rawls, J., *A Theory of Justice*, Oxford, Oxford University Press, 1972.

Rheingold, H., *The Virtual Community: Homesteading on the Electronic Frontier*, Reading, MA, Addison-Wesley Publishing Co., 1993.

Rousseau, J. -J., *The Social Contract*, Oxford, Oxford University Press, 1994.

Sandel, M. J., *Liberalism and the Limits of Justice*, Cambridge, Cambridge University Press, 1982.

Schuler, D., *New Community Networks: Wired for Change*, New York, ACM Press, 1996.

Shields, R.(ed.), *Cultures of Internet: Virtual Spaces, Real Histories, Living Bodies*, London, Sage Publications, 1996.

Stocks, J. L., *Morality and Purpose*(ed.) D. Z. Phillips, London, Routledge & Kegan Paul, 1969.

Stoll, C., *Silicon Snake Oil: Second Thoughts on the Information Highway*, New York, Doubleday, 1995.

Taylor, M., *Community, Anarchy and Liberty*, Cambridge, Cambridge University Press, 1982.

Tenner, E., *Why Things Bite Back: Technology and the Revenge Effect*, London, Fourth Estate, 1996.

Toulmin, S., *Foresight and Understanding*, London, Hutchinson, 1961.

Ullman, E., *Close to the Machine: Technophilia and Its Discontents*, San Francisco, City Lights, 1997.

Walton, K., *Mimesis as Make-Believe*, Cambridge, MA, Harvard University Press, 1990.

색 인

이영주(李永柱)
이화여자대학교 영문과 및 동대학원 졸업
역서: 《간추린 서양 철학사》《포켓의 형태》
《영화에 대하여》등

문예신서
233

인터넷 철학

초판발행 : 2003년 8월 20일

지은이 : 고든 그레이엄
옮긴이 : 이영주
총편집 : 韓仁淑
펴낸곳 : 東文選
제10-64호, 78. 12. 16 등록
110-300 서울 종로구 관훈동 74번지
전화 : 737-2795

편집설계 : 李娫旻 李惠允

ISBN 89-8038-435-1 94500
ISBN 89-8038-000-3 (문예신서)

【東文選 現代新書】

52 古文字學첫걸음	李學勤 / 河永三	14,000원
53 體育美學	胡小明 / 閔永淑	10,000원
54 아시아 美術의 再發見	崔炳植	9,000원
55 曆과 占의 科學	永田久 / 沈雨晟	8,000원
56 中國小學史	胡奇光 / 李宰碩	20,000원
57 中國甲骨學史	吳浩坤 外 / 梁東淑	35,000원
58 꿈의 철학	劉文英 / 河永三	22,000원
59 女神들의 인도	立川武藏 / 金龜山	19,000원
60 性의 역사	J. L. 플랑드렝 / 편집부	18,000원
61 쉬르섹슈얼리티	W. 챠드윅 / 편집부	10,000원
62 여성속담사전	宋在璇	18,000원
63 박재서희곡선	朴栽緒	10,000원
64 東北民族源流	孫進己 / 林東錫	13,000원
65 朝鮮巫俗의 研究(상·하)	赤松智城·秋葉隆 / 沈雨晟	28,000원
66 中國文學 속의 孤獨感	斯波六郎 / 尹壽榮	8,000원
67 한국사회주의 연극운동사	李康列	8,000원
68 스포츠인류학	K. 블랑챠드 外 / 박기동 外	12,000원
69 리조복식도감	리팔찬	20,000원
70 娼 婦	A. 꼬르벵 / 李宗旼	22,000원
71 조선민요연구	高晶玉	30,000원
72 楚文化史	張正明 / 南宗鎭	26,000원
73 시간, 욕망, 그리고 공포	A. 코르뱅 / 변기찬	18,000원
74 本國劍	金光錫	40,000원
75 노트와 반노트	E. 이오네스코 / 박형섭	20,000원
76 朝鮮美術史研究	尹喜淳	7,000원
77 拳法要訣	金光錫	30,000원
78 艸衣選集	艸衣意恂 / 林鍾旭	20,000원
79 漢語音韻學講義	董少文 / 林東錫	10,000원
80 이오네스코 연극미학	C. 위베르 / 박형섭	9,000원
81 중국문자훈고학사전	全廣鎭 편역	23,000원
82 상말속담사전	宋在璇	10,000원
83 書法論叢	沈尹默 / 郭魯鳳	8,000원
84 침실의 문화사	P. 디비 / 편집부	9,000원
85 禮의 精神	柳肅 / 洪 熹	20,000원
86 조선공예개관	沈雨晟 편역	30,000원
87 性愛의 社會史	J. 솔레 / 李宗旼	18,000원
88 러시아미술사	A. I. 조토프 / 이건수	22,000원
89 中國書藝論文選	郭魯鳳 選譯	25,000원
90 朝鮮美術史	關野貞 / 沈雨晟	근간
91 美術版 탄트라	P. 로슨 / 편집부	8,000원
92 군달리니	A. 무케르지 / 편집부	9,000원
93 카마수트라	바짜야나 / 鄭泰爀	18,000원

■ 노블레스 오블리주	현택수 사회비평집	7,500원
■ 미래를 원한다	J. D. 로스네 / 문 선 · 김덕희	8,500원
■ 사랑의 존재	한용운	3,000원
■ 산이 높으면 마땅히 우러러볼 일이다	유 향 / 임동석	5,000원
■ 서기 1000년과 서기 2000년 그 두려움의 흔적들	J. 뒤비 / 양영란	8,000원
■ 서비스는 유행을 타지 않는다	B. 바게트 / 정소영	5,000원
■ 선종이야기	홍 회 편저	8,000원
■ 섬으로 흐르는 역사	김영회	10,000원
■ 세계사상	창간호~3호: 각권 10,000원 / 4호: 14,000원	
■ 십이속상도안집	편집부	8,000원
■ 어린이 수묵화의 첫걸음(전6권)	趙 陽 / 편집부	각권 5,000원
■ 오늘 다 못다한 말은	이외수 편	7,000원
■ 오블라디 오블라다, 인생은 브래지어 위를 흐른다	무라카미 하루키 / 김난주	7,000원
■ 인생은 앞유리를 통해서 보라	B. 바게트 / 박해순	5,000원
■ 잠수복과 나비	J. D. 보비 / 양영란	6,000원
■ 천연기념물이 된 바보	최병식	7,800원
■ 原本 武藝圖譜通志	正祖 命撰	60,000원
■ 隷字編	洪鈞陶	40,000원
■ 테오의 여행 (전5권)	C. 클레망 / 양영란	각권 6,000원
■ 한글 설원 (상 · 중 · 하)	임동석 옮김	각권 7,000원
■ 한글 안자춘추	임동석 옮김	8,000원
■ 한글 수신기 (상 · 하)	임동석 옮김	각권 8,000원

【이외수 작품집】

■ 겨울나기	창작소설	7,000원
■ 그대에게 던지는 사랑의 그물	에세이	7,000원
■ 그리움도 화석이 된다	시화집	6,000원
■ 꿈꾸는 식물	장편소설	7,000원
■ 내 잠 속에 비 내리는데	에세이	7,000원
■ 들 개	장편소설	7,000원
■ 말더듬이의 겨울수첩	에스프리모음집	7,000원
■ 벽오금학도	장편소설	7,000원
■ 장수하늘소	창작소설	7,000원
■ 칼	장편소설	7,000원
■ 풀꽃 술잔 나비	서정시집	4,000원
■ 황금비늘 (1 · 2)	장편소설	각권 7,000원

東文選 現代新書 1

21세기를 위한 새로운 엘리트

FORSEEN 연구소 (프)

김경현 옮김

우리 사회의 미래를 누르고 있는 경제적·사회적 그리고 도덕적 불확실성과 격변하는 세계에서 새로운 지표들을 찾는 어려움은 엘리트들의 역할과 책임에 대한 재고를 요구한다.

엘리트의 쇄신은 불가피하다. 미래의 지도자들은 어떠한 모습을 갖게 될 것인가? 그들은 어떠한 조건하의 위기 속에서 흔들린 그들의 신뢰도를 다시금 회복할 수 있을 것인가? 기업의 경영을 위해 어떠한 변화를 기대해야 할 것인가? 미래의 결정자들을 위해서 어떠한 교육이 필요한가? 다가오는 시대의 의사결정자들에게 필요한 자질들은 어떠한 것들일까?

이 한 권의 연구보고서는 21세기를 이끌어 나갈 엘리트들에 대한 기대와 조건분석을 시도하고 있으며, 구체적으로 그들이 담당할 역할과 반드시 갖추어야 될 미래에 대한 비전을 제시하고 있다.

본서는 프랑스의 세계적인 커뮤니케이션 그룹인 아바스 그룹 산하의 포르셍 연구소에서 펴낸 《미래에 대한 예측총서》 중의 하나이다. 63개국에 걸친 연구원들의 활동을 바탕으로 세계적인 차원에서 우리 사회를 변화시키게 될 여러 가지 추세들을 깊숙이 파악하고 있다.

사회학적 추세를 연구하는 포르셍 연구소의 이번 연구는 단순히 미래를 예측하는 데에 그치는 것이 아니라, 미래를 준비하는 자들로 하여금 보충적인 성찰의 요소들을 비롯해서, 그들을 에워싸고 있는 세계에 대한 보다 넓은 이해를 지닌 상태에서 행동하고 앞날을 맞이하게끔 하기 위해서 이 관찰을 활용하자는 것이다.

東文選 現代新書 9

텔레비전에 대하여

피에르 부르디외

현택수 옮김

텔레비전으로 방송된 이 두 개의 콜레주 드 프랑스에서의 강의는 명쾌하고 종합적인 형태로 텔레비전 분석을 소개하고 있다. 첫번째 강의는 텔레비전이라는 작은 화면에 가해지는 보이지 않는 검열의 메커니즘을 보여 주고, 텔레비전의 영상과 담론의 인위적 구조를 만드는 비밀들을 보여 주고 있다. 두번째 강의는 저널리즘계의 영상과 담론을 지배하고 있는 텔레비전이 어떻게 서로 다른 영역인 예술·문학·철학·정치·과학의 기능을 깊게 변화시키는지를 설명하고 있다. 이러한 현상은 시청률의 논리를 도입하여 상업성과 대중 선동적 여론의 요구에 복종한 결과이다.

이 책은 프랑스에서 출판되자마자 논쟁거리가 되면서, 1년도 채 안 되어 10만 부 이상 팔려 나가 베스트셀러 리스트에 오르고, 세계 각국에서 번역되어 읽혀지고 있는 피에르 부르디외의 최근 대표작 중 하나이다. 인문사회과학 서적으로서 보기 드문 이같은 성공은, 프랑스 및 세계 주요국의 지적 풍토를 말해 주고 있다. 이처럼 이 책이 독자 대중의 폭발적인 반응과 기자 및 지식인들의 지속적인 반향을 불러일으키는 이유는, 세계적으로 잘 알려진 그의 학자적·사회적 명성 때문이기도 하지만 무엇보다도 언론계 기자·지식인·교양 대중들 모두가 관심을 가질 만한 논쟁적인 내용을 담고 있기 때문이다.

東文選 文藝新書 211

토탈 스크린

장 보드리야르
배영달 옮김

　우리 사회의 현상들을 날카로운 혜안으로 분석하는 보드리야르의 《토탈 스크린》은 최근 자신의 고유한 분석 대상이 된 가상(현실)·정보·테크놀러지·텔레비전에서 정치적 문제·폭력·테러리즘·인간 복제에 이르기까지 현대성의 다양한 특성들을 보여 준다. 특히 이 책에서 보드리야르는 오늘날 우리를 매혹하는 형태들인 폭력·테러리즘·정보 바이러스와 관련하여 기호와 이미지의 불가피한 흐름, 과도한 커뮤니케이션, 프로그래밍화된 정보를 분석한다. 왜냐하면 현대의 미디어·커뮤니케이션·정보는 이미지의 독성에 의해 증식되며, 바이러스성의 힘을 지니기 때문이다.

　보드리야르는 현대성은 이미지의 독성과 더불어 폭력을 산출해 낸다고 말한다. 이러한 폭력은 정열과 본능에서보다는 스크린에서 생겨난다는 의미에서 가장된 폭력이다. 그리고 그것은 스크린과 미디어 속에 잠재해 있다. 사실 우리는 미디어의 폭력, 가상의 폭력에 저항할 수가 없다. 스크린·미디어·가상(현실)은 폭력의 형태로 도처에서 우리를 위협한다. 그러나 우리는 스크린 속으로, 가상의 이미지 속으로 들어간다. 우리는 기계의 가상 현실에 갇힌 인간이 된다. 이제 우리를 생각하는 것은 가상의 기계이다. 따라서 그는 "정보의 출현과 더불어 역사의 전개가 끝났고, 인공지능의 출현과 동시에 사유가 끝났다"고 말한다. 아마 그의 이러한 사유는 사유의 바른길과 옆길을 통해 새로운 사유의 길을 늘 모색하는 데서 비롯된 것일 터이다. 현대성에 대한 탁월한 통찰력을 보여 주는 보드리야르의 이 책은 우리에게 우리 사회의 현상들을 비판적으로 읽게 해줄 것이다.